环境行动与政府回应

议题、网络与能力

孙小逸／著

复旦大学出版社

序

本书是笔者十年来对环境行动与治理领域观察与思考的阶段性总结。这项研究最早可以追溯到 2014 年,笔者成功申请到 AXA 博士后研究基金,对中国环境风险与集体行动课题展开研究。这个选题令人着迷之处在于,由环境风险引发的集体行动与其他集体行动之间存在显著差异。一方面,其他集体行动大多是利益导向型的,而环境行动的目标导向则更为复杂,利益型与理念型诉求交织缠绕。另一方面,其他集体行动通常包含一个相对稳定的利益群体,而环境行动的参与群体则体现了一种超越阶层、职业、性别、年龄等各种社会分层因素的横向联合。这种现象是否印证了乌尔里希·贝克(Ulrich Beck)关于风险社会的论断,即,工业化发展的潜在副作用推动人们对现代化进程的反思,并由此形成一种新的社会动员力量? 如果确实如此,那么风险社会的来临对基层治理又意味着什么？

　　带着这些问题，笔者展开了一系列调查研究，思考了很多，也收获了很多。在昆明，当一名环保人士聊到一个炼油项目使土地受到严重污染、迫使年轻人离开家园时的那种痛心疾首，给我带来了极大的触动。在北京，当一名环保公益律师提及花费了巨大的时间和心力准备的一起诉讼案件由于小小的程序纰漏而最终被驳回时的那种无可奈何，至今仍使我记忆犹新。在广州，当一名普通的社区居民说起在垃圾焚烧反建行动成功后转身投入垃圾分类事业时的那种义无反顾，又使我对环境保护的前景燃起了信心。感谢在调研过程中遇到的所有热心人士，他们对中国环保事业充满了热诚与献身精神，并且愿意与我分享在这个过程中的思想与体悟。这些无私的分享构成了本书的基础内容。

　　感谢笔者所在的复旦大学国际关系与公共事务学院对本书出版的大力支持。感谢复旦大学出版社孙程姣责编的细致工作。感谢我的父亲孙瑜、母亲张丽萍对我一直以来的支持和关爱。特别要感谢我的丈夫黄荣贵和女儿黄昕雨，虽然他们除了拖慢写作进度之外对本书并无其他实质贡献，但我真心希望今后每一本书的写作过程都伴有这样甜蜜的负累。

孙小逸

2023 年 4 月 27 日于上海家中

目　录

第一章

导　论

　　随着生活水平的提高与公众环境意识的增强,由环境问题引发的群体性事件日益增多。自 1996 年以来,环境群体性事件以年均 29% 的速度持续增长。[1] 中国社科院对2000—2013 年我国群体性事件的统计显示,环境问题是导致特大规模群体性事件的主要原因,在所有万人以上群体性事件中占 50%,对社会治理与基层稳定构成挑战。[2] 环

---

[1] 《"开窗"求解环境群体性事件》(2012 年 11 月 29 日),网易网,https://money. 163. com/12/1129/11/8HFPAJC700253B0H. html,最后浏览日期:2018 年 12 月 10 日。

[2] 《14 年间百人以上群体事件发生 871 起》(2014 年 2 月 24 日),新京报网站,http://www. bjnews. com. cn/graphic/2014/02/24/306216. html,最后浏览日期:2018 年 12 月 10 日。

境群体性事件的频发集中反映了当前中国社会的多对矛盾，包括生态文明话语与环境污染现实之间的矛盾、地方经济发展与环境保护目标之间的矛盾、污染性设施选址与公众环境权利之间的矛盾、技术主导型决策模式与公众参与之间的矛盾，以及制度外诉求表达与基层维稳之间的矛盾等。①

在中国城市，由污染性设施（如垃圾焚烧厂、化工厂、核燃料厂等）选址引发的社会冲突在环境群体性事件中占据显著的比例。有学者指出，在从工业社会向风险社会的转型过程中，风险分配逻辑逐渐成为财富分配逻辑之外影响中国社会结构的关键性要素，并可能成为生产新的社会冲突的动力。② 与已经发生的污染不同，环境风险的影响具有高度的不确定性。面对这种不确定性，不同的社会群体产生了截然不同的风险逻辑。专家负责对风险发生的概率及其影响进行评估，并根据评估的结果设定一个可接受水平。然而这个可接受水平往往与公众的主观感知与生活体验存在较大落差。③ 对专家而言，风险评估是一系列概

---

① 杨志军、张鹏举：《环境抗争与政策变迁：一个整合性的文献综述》，《甘肃行政学院学报》2014 年第 5 期；张金俊：《国外环境抗争研究述评》，《学术界》2011 年第 9 期；陈涛：《中国的环境抗争：一项文献研究》，《河海大学学报》（哲学社会科学版）2014 年第 1 期。

② 李友梅：《从财富分配到风险分配：中国社会结构重组的一种新路径》，《社会》2008 年第 6 期。

③ ［德］乌尔里希·贝克：《风险社会》，何博闻译，译林出版社 2004 年版，第一章。

率系数的设定;但对公众而言,这种概率落到自己身上就是百分之百的伤害。两种不同的风险逻辑导致专家与公众对环境风险的严重程度、发生原因、解决方案等方面都存在诸多争议。

在此背景下,地方政府如何有效回应公众的环境诉求成为一个重要的研究议题。对相关事件的系统梳理可以看到,地方政府对环境行动的回应模式呈现显著的差异:有的地方政府以推进项目建设为首要目标,忽视甚至压制公众反对的声音;有的地方政府则选择取消或搬迁项目来平息冲突事件;有的地方政府吸取其他地方的治理经验,提前采取危机公关措施进行应对;有的地方政府则在与公众互动的过程中逐步建立起协商治理机制。① 基于此,本书旨在考察以下一系列问题:中国环境行动呈现哪些新的特征;地方政府如何回应环境行动;为何政府回应模式存在地方性差异;等等。通过对这些问题的探究,可以厘清政府回应环境行动所面临的问题及挑战,理解政府、居民、媒体、专家、社会组织等不同主体在环境行动中所扮演的角色,深入考察影响地方政府回应的深层逻辑,进而有助于推进环境政治、社会治理、政府回应等领域的理论发展与治理实践创新。

_____

① 　张紧跟:《地方政府邻避冲突协商治理创新扩散研究》,《北京行政学院学报》2019 年第 5 期;孙小逸:《理解邻避冲突中政府回应的差异化模式:基于城市治理的视角》,《中国行政管理》2018 年第 8 期。

一、环境意识与集体行动

伴随着经济的快速发展，中国环境问题日益严峻。空气污染是我国面临的第一大环境污染问题。2020 年《中国生态环境状况公报》显示，全国 337 个地级及以上城市中，超过 40％的城市空气质量不达标，累计发生严重污染 345 天，重度污染 1 152 天。酸雨区面积约 46.6 万平方千米，占国土面积的 4.8％，主要分布在长江以南—云贵高原以东地区，酸雨频率为 10.3％。我国水污染状况也很堪忧。16.6％的地表水总体水质状况属于 Ⅳ 类及以下，不能用作饮用水。七大主要水系中，辽河流域和海河流域处于污染状态。太湖、巢湖、滇池等大型淡水湖泊处于轻度污染状态，富营养化加剧。[①] 此外，荒漠化问题依然严峻。全国荒漠化土地面积为 261.16 万平方千米，占我国国土面积的 27.2％。[②]

公众对环境污染的感受强烈。2010 年中国综合社会调查(Chinese General Social Survey, CGSS)显示，66.5％的受访者表示关心环境问题，75.66％的受访者认为中国污染状况严重，要求将环境保护纳入政府发展决策当中。与此

[①] 中华人民共和国生态环境部：《中国生态环境状况公报》(2020年)，中华人民共和国生态环境部网站，https://www.mee.gov.cn/hjzl/sthjzk/zghjzkgb/202105/P020210526572756184785.pdf，最后浏览日期：2022 年 7 月 19 日。

[②] 同上。

同时,中国公众的环境关心水平也在不断提升。一方面,经济的发展使人们对生活质量有了更高的要求,其中包括安全、清洁的生活环境。同时,由于环境保护需要投入大量资源,收入的增长使人们有更高的意愿和更强的能力承担环境保护的成本。另一方面,教育的普及有助于环境关心水平的提升。教育培育了人们的现代科学取向、对改变的开放程度以及理解环境问题所需的认知能力,使人们更容易接受并采纳环境保护理念。

由于许多环境问题难以被直接感知,人们对环境问题的认知很大程度上来源于媒体信息。以往,人们主要通过传统媒体获取与环境保护相关的信息。随着互联网的发展,人们对环境问题的关注与思考得到了拓展。一方面,互联网使用能够提高人们的信息搜索能力。即使网络冲浪的主要目的不是为了搜索环境知识,公众也有可能在冲浪过程中偶遇与环境相关的信息或知识,并促使他们进一步探索。通过互联网,人们能够了解到不同地区政府的环境保护举措,从而提高对本国政府采取环境保护措施的期望值,这种现象被称为"开窗效应"。① 另一方面,作为公共舆论平台,互联网有助于促进人们关于环境问题的讨论与对话,从而敦促人们对环境问题的现状与根源展开思

---

① Bailard, C., "Testing the internet's effect on democratic satisfaction: A multi-methodological, cross-national approach", *Journal of Information Technology & Politics*, 2012, 9(2), pp. 185-204.

考,反思环境保护中可能存在的问题,这种现象被称为"持镜效应"。①

　　然而,政府在环境保护方面的表现却不尽如人意。2010年中国综合社会调查显示:超过一半的受访者对中央政府环境保护工作持消极或中性评价,对地方政府环境保护工作持消极或中性评价的受访者更是接近七成。改革开放以来,中国政府深知环境保护的重要性,一直强调经济发展与环境保护并重。然而,环境保护政策在地方层面却没有得到有效落实。在"唯GDP论"的发展逻辑下,地方官员往往将经济发展作为第一要务,对环境保护重视不够。环境保护与经济发展之间的张力进一步加剧了环境政策的实施难度。保护环境意味着提高环保标准、加强对污染企业的规制,而这些措施会影响当地的就业与财税收入。在此背景下,地方政府往往选择降低环保门槛,甚至不惜通过行政干预的方式为污染企业保驾护航。

　　由于对政府环境保护工作信心不足,公众倾向于采用集体行动的方式保护自己免受污染侵害。环境行动在农村和城市呈现出显著差异。首先,这两类环境行动遵循不同的逻辑。农村环境行动通常针对的是已经发生的环境污染

---

① Bailard, C., "Testing the internet's effect on democratic satisfaction: A multi-methodological, cross-national approach", *Journal of Information Technology & Politics*, 2012, 9(2), pp. 185-204.

或健康损害,行动目标是要求污染企业或政府做出经济补偿或整体搬迁,遵循的是受损补偿逻辑。城市环境行动通常针对的是尚未发生的环境风险,行动目标是要求污染性设施停止建设或者搬迁,遵循的是风险规避逻辑。其次,这两类环境行动嵌入于截然不同的社会情境之中。农村村民与污染企业之间往往存在千丝万缕的联系。在一些情况下,村民在污染企业工作,为了维持生计而选择忽视企业生产造成的污染。在另一些情况下,村民受到与污染企业相关的社会关系的影响,或者受制于村支书等本地权威人士的压力,而对污染现象睁一只眼闭一只眼。① 相对而言,城市居民与污染企业之间通常没有直接关联,并不存在减少污染与维持生计或人际关系网络之间的两难选择。由于经济收入水平相对较高,城市居民更愿意承担环境保护的成本,对生活质量也有更高的要求。与此同时,受过良好的教育意味着城市居民更有可能采纳亲环境价值观,对人与自然之间相互依存的关系有更为深入的理解,也更有决心与污染作斗争。由此可见,城市居民对污染的态度更有可能

① Deng, Y. & Yang, G. , "Pollution and protest in China: Environmental mobilization in context", *The China Quarterly*, 2013, 214, pp. 321 - 336; Lora-Wainwright, A. , Zhang, Y. , Wu, Y. & Van Rooij, B. , "Learning to live with pollution: The making of environmental subjects in a Chinese industrialized village", *The China Journal*, 2012, 68, pp. 106-124; Tilt, B. , "Industrial pollution and environmental health in rural China: Risk, uncertainty and individualization", *The China Quarterly*, 2013, 214, pp. 283-301.

受到环境主义理念的驱使。本书将以城市环境行动作为主要的考察对象。

二、"不要在我家后院"

有些污染性设施(如垃圾焚烧厂、化工厂、核燃料厂等)对全社会而言是有益的,但可能给当地社区带来环境与健康风险,由此遭到社区居民的抵制,这种现象通常被称为邻避效应。"邻避"一词是从英文缩写 NIMBY(Not-in-my-Backyard)翻译而来,意为不要在我家后院。有研究显示,邻避效应是由风险认知、专家信任、地域观念等因素混合而成的。[①] 与大自然所施加的飓风、地震等传统意义上的风险不同,垃圾焚烧厂或化工厂所带来的风险属于现代化的风险,是工业发展与技术进步的产物。随着现代化风险的威胁不断放大,人们对工业与经济发展开始变得具有反思性。[②] 在不

① Freudenburg, W. & Pastor, S., "NIMBYs and LULUs: Stalking the syndromes", *Journal of Social Issues*, 1992, 48 (4), pp. 39-61; McClymont, K. & O'Hare, P., "'We're not NIMBYs!' contrasting local protest groups with idealized conceptions of sustainable communities", *Local Environment*, 2008, 13(4), pp. 321-335;王佃利、徐晴晴:《邻避冲突的属性分析与治理之道——基于邻避研究综述的分析》,《中国行政管理》2012 年第 12 期;吴云清、翟国方、李莎莎:《邻避设施国内外研究进展》,《人文地理》2012 年第 6 期。
② [德]乌尔里希·贝克:《风险社会》,何博闻译,译林出版社 2004 年版,第一章。

少邻避事件中,居民普遍质疑地方政府一味追求经济发展而罔顾生存环境与居民健康。从这个意义上说,现代化不再被认为是一件必须要做的事,其自身的问题也开始得到人们的关注与重视。

无论是垃圾焚烧产生的二噁英,还是炼油化工产生的PX,其污染影响和严重程度均超出人们的日常体验。对现代化风险的判定需要依赖于复杂的科学技术论证,从而使专家的作用得到凸显。然而,在风险判定中专家与居民的立场存在分歧。专家主要从技术的角度出发,对可能发生的污染风险设定一个可接受水平,不超过门槛值的风险就被认为是可以接受的。但对居民而言,风险发生的概率即使很低,其发生对自己的伤害却是不可逆的,因而仍极力规避污染风险。不同的价值立场与风险判定逻辑导致了专家判定的风险与居民感知的风险之间的巨大落差。何艳玲和陈晓运的研究发现,邻避动机的形成包括三个阶段:第一阶段是政府和厂商营造的以技术安全为核心,以依法行政和民心工程为辅助的"不怕"的初始认知;第二阶段是事件推演过程中由于样本破碎、怀疑专家和媒体分化而引发的"真的不怕吗?"的认知失调;第三阶段是居民通过对项目安全性、合法性和公益性进行评估而形成的"我怕"的认知重构。①

现代化的风险难以被直观感知,其发生与否又有高度

---

① 何艳玲、陈晓运:《从"不怕"到"我怕":"一般人群"在邻避冲突中如何形成抗争动机》,《学术研究》2012 年第 5 期。

的不确定性,从而使得公众对环境风险的感知在很大程度上是主观建构的结果。一方面,对风险的恐惧、失去控制的感觉、被强加的风险、灾难性的后果以及风险分配的不公正感等因素都倾向于增强人们的风险感知。在污染性设施选址过程中,政府倾向于采用封闭式的、自上而下的决策模式,当中缺乏公众参与的环节。这种模式让居民觉得,就在自己身边、对自己可能造成负面影响的污染风险是被政府与企业所强加的,由此产生极大的愤怒。与此同时,化工厂等设施的运营给企业带来了利润,带动了地方经济发展,却将污染风险留给了周边社区的居民,风险与收益分配的失衡带给当地居民强烈的不公正感。

另一方面,媒体与互联网的发展推动了环境风险的传播与放大。根据罗杰·卡斯帕森(Roger Kasperson)等人提出的风险的社会放大框架,一个风险事件的最终影响会超过它的初始效应。这是因为决定风险最终影响的很多时候并不是风险事件本身,而是风险事件发生后所经历的社会与文化过程。风险事件与心理、社会、文化等因素的相互作用可以增强或减弱公众对风险的感知,并由此形成一系列涟漪效应。① 这个过程凸显了媒体与互联网对风险认知建构的关键性影响。侯光辉和王元地的研究发现,邻避风险

---

① Kasperson, R., Renn, O., Slovic, P., Brown, H., Emel, J, Goble, R., Kasperson, J. & Ratick, S., "The social amplification of risk a conceptual framework", *Risk Analysis*, 1988, 8(2), pp. 177-187.

演化过程中有两种效应值得关注:一是放大效应——社会经济地位、环境知识、环保观念等因素会影响公众对邻避风险的感知,而官民信任危机与政府不恰当作为则会推动风险感知的进一步放大;二是效尤效应——一段时间之内连续爆发的反 PX 事件或反垃圾焚烧事件会形成一种行为示范,引发其他参与者的学习与效仿,从而导致更多同类型事件的发生。①

地域观念是邻避效应中的一个核心要素。邻避效应通常认为,离污染性设施选址距离越近的居民反对越强烈,随着距离变远,居民的反对也会随之减弱。正是因为这个原因,"邻避"通常被认为是一个负面的标签,即,社区居民出于自私的考量和狭隘的地域观念而反对污染性设施的选址与建设。与此同时,也有学者指出,邻避标签是规划部门选址过程中用来消解反对力量的一种策略。将居民标签为出于自私、不顾社会整体利益,有助于减弱其诉求的可信度、消解社会动员的力量、压缩公众参与的空间,从而有利于污染性项目选址的推进。② 托马斯·约翰森(Thomas Johnson)试图厘清中国环境行动是受到环境主义还是邻避主义的驱动,结果发现这两种倾向同时存在。环保组织追

---

① 侯光辉、王元地:《"邻避风险链":邻避危机演化的一个风险解释框架》,《公共行政评论》2015 年第 1 期。
② McClymont, K. & O'Hare, P., "'We're not NIMBYs!' contrasting local protest groups with idealized conceptions of sustainable communities", *Local Environment*, 2008, 13 (4), pp. 321-335.

求长期的环境目标,致力于改善公众参与环境保护的制度环境,并采取制度内的、相对温和的行动方式,因此更符合环境主义的性质;而社区居民则追求短期的行动目标,主要是为了实现地方性利益,并采取制度外的方式来施压政府,因此更符合邻避主义的性质。这两种模式虽然分工不同,但对推动公众参与地方决策过程都起到积极的作用。① 周志家对参与厦门反 PX 行动居民的问卷调查发现,由居民相互鼓励所形成的群体氛围和群体压力是促使居民参与环境行动的主要原因。此外,经济利益波及、相对剥夺感对居民参与环境行动有显著的正向影响。与之相对,环境意识对居民参与呈现显著的负向影响,由此可见,居民参与环境行动仅仅体现出浅层的公民性。②

在中国的情境下,居民反对污染性设施选址并不完全是出于邻避动机。在不少环境行动中,参与主体不仅限于离项目选址最近的居民,离选址地相对较远的居民也会积极参与。比如在昆明 PX 事件中,炼油厂选址于距昆明市40 公里之外的安宁市草铺镇工业园,但绝大部分参与反 PX 行动的都是昆明市民,而非草铺镇工业园附近的居民。后来,环保组织在向有关部门提起行政复议、行政诉讼的过程中,面临的最大难题就是找不到符合资格的原告。根据法

---

① Johnson，T.，"Environmentalism and NIMBYism in China: Promoting a rules-based approach to public participation"，*Environmental Politics*，2010，19(3)，pp. 430-448.

② 周志家:《环境保护、群体压力还是利益波及:厦门居民 PX 环境运动参与行为的动机分析》,《社会》2011 年第 1 期。

律规定,离炼油厂 10 公里范围内的才算是利益相关者,然
而环保组织发现几乎找不到符合这个条件的参与者来担任
原告。这部分可能是因为居住于草铺镇工业园附近的居民
已经得到了当地政府关于经济补偿或搬迁的承诺,从而默
许了项目的建设。然而更重要的是,昆明市民反对项目选
址是因为他们深知昆明得天独厚的生态环境来之不易,而
当地的生态系统又极为脆弱,由此担心炼油厂的建设与运
营会打破生态平衡,给当地环境带来不可挽回的影响。从
这个意义上讲,昆明反 PX 行动具有明显的环境主义倾向。

三、政府回应逻辑

在中国,大型建设项目选址主要采用"决定—宣布—辩
护"的决策模式,即,以技术为主导、以专家意见为依据进行
封闭式决策,决策做出后公之于众,遭到反对后才对居民解
释。这种决策模式强调城市规划的专业性,认为没有经过
专业培训的人根本无法理解规划方案,更谈不上对规划方
案的合理性进行评价。从这个角度出发,普通公众显然不
具备参与城市规划决策的能力,反而会增添不必要的阻碍,
降低行政效率。然而,这种决策模式在污染性设施选址中
却遭遇了前所未有的阻力。首先,污染性设施选址关涉周
边社区每个居民的日常生活,倾向于引发居民对其环境与
健康影响的高度关注。其次,污染性设施规划往往涉及复
杂的利益关系。在人口与建筑高度密集的城市空间环境

中，利益关系的复杂性又被进一步放大。① 污染性设施的建设与运营一方面能够为企业带来收益，另一方面会对周边社区的房产价值造成负面影响，这两种效应的累积会让居民觉得风险与收益的分配并不公正。在一些情况下，污染设施运营企业与地方政府之间被发现存在利益勾连，从而进一步加剧居民对企业和地方政府的不信任。娄胜华和姜姗姗的研究发现，政府权威式决策模式是导致居民反对的一个主要原因。地方政府倾向于将污染性设施选址视为单目标决策问题，而忽略其他影响因素，特别是选址社区认同的重要性。②

虽然《中华人民共和国环境影响评价法》对污染性设施选址决策中的公众参与有明确规定，但这些规定大多以原则性理念为主，对公众参与的范围、方式、程序等缺乏可操作化的说明，给予了地方政府较大的自由裁量权。在此情形下，地方政府会尽可能选择约束力较弱的公众参与形式。③ 此外，现行法律法规对是否采纳公众意见、在什么情况下采纳、不采纳的原因说明等都缺乏约束性规定，由此导致公众参与效能感较低。④ 李万新等人的研究发现，尽管法律规定环境影响评价需要公众参与，但在实际运作中由于

---

① 郑卫：《我国邻避设施规划公众参与困境研究——以北京六里屯垃圾焚烧发电厂规划为例》，《城市规划》2013年第8期。
② 娄胜华、姜姗姗：《"邻避运动"在澳门的兴起及其治理——以美沙酮服务站选址争议为个案》，《中国行政管理》2012年第4期。
③ 张紧跟：《公民参与地方治理的制度优化》，《政治学研究》2017年第6期。
④ 同上。

缺乏相应的制度框架,地方政府只是在事件发生后才被动回应居民的诉求。[1] 由于缺乏制度化的参与渠道,居民只能转而采用集体行动的方式抵制污染性设施的选址决定。

地方政府在选址决策中受到政绩和维稳双重因素的驱动。大型工业设施的建设和运营有助于拉动地方投资和就业,增加政府的财税收入,提升城市的竞争力,成为地方官员政绩考核和晋升的巨大助力。这也解释了为何地方政府热衷于引进此类项目。[2] 然而,一旦项目的选址问题引发群体性事件,就会触发地方政府的维稳动机。如果地方政府不能及时控制事态发展,就可能造成巨大的舆论压力,甚至引发中央政府的介入和问责。面对环境行动时,地方政府有多种回应策略可供选择,包括容忍、压制、妥协和有原则地妥协。[3] 不同策略的选择取决于地方政府的成本与收益分析。采用压制策略可能引发更大的冲突、对政府的合法性构成挑战,而收益在于能够有效树立政府的权威、对其他群体性事件形成威慑。采用妥协策略需要地方政府承担经济补偿的成本、加大对地方财政的压力,并且可能损害政府的权威、引发其他的效仿行为,而收益在于能够快速平息冲

---

[1] Li, W., Liu, J. & Li, D. "Getting their voices heard: Three cases of public participation in environmental protection in China", *Journal of Environmental Management*, 2012, 98, pp. 65-72.

[2] 王佃利、王玉龙、于棋:《从"邻避管控"到"邻避治理":中国邻避问题治理路径转型》,《中国行政管理》2017 年第 5 期。

[3] 参见 Cai, Y., *Collective resistance in China: Why popular protests succeed or fail*, Stanford University Press, 2010。

突事件、增强政府的合法性。① 具体采用哪种回应策略取决于地方政府对环境行动规模、破坏程度、媒体关注度等因素的综合考量。②

虽然压制策略是地方政府的备选方案之一，但事实上地方政府对大多数群体性事件采取了容忍策略。童彦琪和雷少华对 248 起冲突事件的分析表明，地方政府对 61％的群体性事件采取了容忍策略，对 29％的群体性事件进行了妥协并给予经济补偿。③ 两位研究者认为，虽然一些当权者很少直接承认错误，但实际上他们具有很强的学习能力，会通过改变不恰当的政策或做法回应民众诉求，使社会冲突增强而非减弱基层社会的稳定。④ 国务院发展研究中心梳理了 2003—2016 年 96 起具有典型意义的邻避事件，其中近三分之一的项目停建或停产。单就 2016 年而言，"一闹就停"的情况占一半以上。⑤ 广受关注的厦门 PX 项目、广州

① 参见 Cai，Y.，*Collective resistance in China: Why popular protests succeed or fail*，Stanford University Press，2010。

② Piven，F. & Cloward，R.，*Poor people's movements: Why they succeed，how they fail*，Vintage，1979；Shi，F. & Cai，Y.，"Disaggregating the state：Networks and collective resistance in Shanghai"，*The China Quarterly*，2006，186(1)，pp. 314-332.

③ Tong，Y. & Lei，S.，"Large-Scale mass incidents and government responses in China"，*International Journal of China Studies*，2010，1(2)，pp. 487-508.

④ Ibid.

⑤ 李佐军、陈健鹏、杜倩倩：《城镇化过程中邻避事件的特征、影响及对策——基于对全国 96 件典型邻避事件的分析》，《调查研究报告专刊》2016 年第 42 期。

番禺垃圾焚烧项目迁址重建,宁波 PX 项目、茂名 PX 项目、江门核燃料项目则被永久搁置。在此背景下,地方政府如何通过治理机制创新来应对"一闹就停"困局成为一个重要的研究议题。

四、研究方法

(一)研究设计与数据来源

本书以大型污染性设施选址引发的环境行动为研究案例,考察地方政府对环境行动的回应模式与吸纳机制。自 2007 年厦门反 PX 行动以来,各地民众反对大型污染性设施选址的行动此起彼伏,成为我国城市大规模群体性事件的重要组成部分。本书主要采用案例研究的方法,是出于研究对象特性和研究问题属性两方面的考量。就研究对象特性而言,由城市大型污染性设施引发的环境行动的发生具有较强的偶然性,一旦发生,往往呈现行动规模大、持续时间短等特征,只能采用案例的方式进行数据收集。就研究问题属性而言,地方政府如何回应环境行动很大程度上受到地方政治、社会、文化、经济等多重因素的影响,需要将研究问题置于更为宽广的治理情境中进行考察,而整体性的研究视角恰好是案例研究的一大优势。

现有研究以单案例为主,这种研究路径固然比较深入,但由于缺乏不同案例之间的比较,难以形成全局性的把握。为了解决这个问题,本书以 2007 年厦门 PX 事件为起点,系统收集了 15 起由大型污染性设施选址引发的环境行动事件,建构了一个环境行动与政府回应案例数据库。数据库中详细记录了每一起事件的发生时间,所在城市,污染性设施类型,行动是否得到政治精英、专家学者或社会名流的公开支持,新闻报道及微博讨论的数量,行动规模及策略,项目建设进展,以及当地污染现状及项目最终结果。案例项目类型包括 PX 化工厂、垃圾焚烧厂、钼铜厂、造纸厂、核燃料厂等多种类型的污染性设施,以便归纳和提炼此类环境行动与政府回应的模式与规律。

案例数据主要来源于新闻报道和实地调研。大型污染性设施选址引发的环境行动通常具有较高的社会关注度,会吸引大量的媒体报道。笔者对 wisenews 等各大报纸数据库进行关键词搜索,根据各项分析指标对相关报道进行人工编码。在此基础上,笔者对昆明 PX 事件、江门反核事件、北京阿苏卫垃圾焚烧事件、广州番禺垃圾焚烧事件等多个案例进行了实地调研,对行动参与者、普通居民、基层官员、环保人士、环境公益律师、新闻记者等数十位相关人士进行了深度访谈,深入了解不同行动者对事件的认知及其行为逻辑。

（二）数据分析方法

本书综合运用个案研究、比较案例研究、定性比较分析(QCA)等研究方法从不同角度对这 15 个案例进行系统分析。

1. 个案研究

个案研究通过对案例的深入分析推论具有普遍性的规律或因果关系,这种研究方法有助于揭示案例整体情况及其所嵌入的社会背景,从而提高案例阐释的内在效度。个案研究秉承"案例导向"而非"变量导向"的研究旨趣,强调案例的情境性与复杂性,旨在对案例进行尽可能详细的阐述与分析。更重要的是,个案研究的主要目标是理论建构,即,通过对案例的归纳分析与逻辑推论,发展出对一系列相关案例具有普遍解释力的理论。个案研究是一种被广泛运用且行之有效的定性研究方法。本书以案例数据库中的15个环境行动样本为基础,对我国环境行动动员和政府回应逻辑展开深入考察。

2. 比较案例研究

比较案例研究通过对数个不同案例的比较揭示社会现象或社会过程的因果机制。就理论建构而言,多案例比较研究有助于克服单案例研究中存在的理论抽象程度过低或过高的问题,发展出兼具普遍性与特殊性的中层理论。[①] 比较案例研究最常用的因果推论方法包括求同法和求异法。求同法是指,在要解释的现象中,在其他条件存在较大差异的情况下,如果仍能达到相同的结果,那么具有共性的条件是解释相同结果的原因。求异法是指,在要解释的现象中,在其他条件大致相似的情况下,如果仍能导致不同的结果,那么具有差异性的条件是解释不同结果的原因。[②] 本书综合运用求同法和求异法,通过对不同案例的反复比较进行理论

---

① 蔺亚琼:《多个案比较法及其对高等教育研究的启示》,《高等教育研究》2016 年第 11 期。

② Mill, J., *System of logic*, *ratiocinative and inductive: Being a connected view of the principles of evidence and the methods of scientific investigation*, John W. Parker, 1843.

提炼和因果推论。

3. 定性比较分析

定性比较分析(QCA)融合了定性研究与定量研究的优势：一方面，以案例为导向，要求研究者对每个案例有全面、深度的把握；另一方面，具有定量研究的特性，将每个案例简化为一系列条件和结果(变量)，用数字指标对变量进行赋值，考察变量之间的因果关系。[①] 以集合论为基础，定性比较分析特别适合用来考察复杂因果关系，即，多种条件存在与否与结果之间的关系，以及同一结果是否存在多重解释路径。定性比较分析适用于小样本到中样本的案例数量(如5—50个)，样本太多会限制研究者对每个案例的深入了解，而样本太少则会限制传统统计技术的使用。这种方法被成功运用于探究社会运动结果的研究当中。[②] 在本书

[①] 参见 Ragin, C. , *The comparative method: Moving beyond qualitative and quantitative strategies*, University of California Press, 1987; Ragin, C. , *Redesigning social inquiry: Fuzzy sets and beyond*, University of Chicago Press, 2008。

[②] 参见 Amenta, E. , Caren, N. , & Olasky, S. , "Age for leisure? political mediation and the impact of the pension movement on U. S. old-age policy", *American Sociological Review*, 2005, 70(3), pp. 516-538; Cress, D. & Snow, D. , "The outcomes of homeless mobilization: The influence of organization, disruption, political mediation, and framing", *American Journal of Sociology*, 2000, 105 (4), pp. 1063 - 1104; McAdam, D. & Boudet, H. , *Putting social movements in their place: Explaining opposition to energy projects in the United States, 2000 - 2005*, Cambridge University Press, 2012。

中,定性比较分析主要用来考察地方政府对环境行动的回应模式受到哪些因素的影响,或者说有哪些不同的条件组合促使地方政府对环境行动采用积极/消极的回应方式。

本书采用清晰集定性比较分析法(csQCA)。这一方面是由于清晰集呈现的分析结果更为简单直观,易于理解和阐释;另一方面也是由于案例库中的数据大多来自新闻报道,难以对变量进行精确的程度划分。案例库中的所有变量都采用二分编码(0或1)。csQCA包括四个基本步骤:第一,定义想要解释的结果与原因条件;第二,构建真值表并处理真值表中的矛盾案例;第三,对真值表进行分析,得出因果解释路径;第四,结合案例评估并阐释分析结果。

五、章节概览

本书以下各章围绕当前中国环境行动的动员过程以及政府对环境行动的回应方式展开讨论。

第二章从环境主义视角出发,对中国公众的环境意识与环保行为进行系统的考察。公众对污染问题的关注度及环境关心水平在不断提高,开始要求将环境保护纳入政府的发展决策之中。与此同时,公众对政府环境保护工作的评价偏低,倾向于认为政府片面注重经济发展而忽视环境保护工作。此外,对公众环保参与行为的分析发现,公众有参与环境保护的意愿,但同时也受到其他条件的限制。本章区分了个人生活型参与、政策支持型参与和环境公民型参与三种类型的环保参与行为，发现公众对个人生活型环保行为的参与程度最高，其次是政策支持型环保行为，而对环境公民型环保行为的参与程度最低。对污染严重程度的感知、环境价值观和对政府环境保护工作的评价等因素会影响公众的环保参与行为。

第三章考察城市居民参与环境行动的意义建构过程，强调风险感知和城市空间在意义建构过程中所发挥的重要作用。本章选取发生于昆明和茂名的两起 PX 事件，系统收集了新浪微博上与两起事件相关的所有条文，并运用自动内容分析技术对微博条文进行编码和分析。分析结果发现，两起 PX 事件中居民采用的行动框架截然不同：在昆明案例中，居民的主要关切在于环境/健康风险与项目选址的合理性；在茂名案例中，居民则主要表达了对政府宣传可信度及信息披露充分度的质疑。进一步分析表明，这种认知差异很大程度上来源于两地与工业污染相关的空间环境与历史记忆。昆明生态环境优越，当地居民缺乏与炼油等污染产业相关的生活经历，他们对 PX 项目的态度主要是基于对潜在的环境风险的感知。茂名一直以"南方油城"闻名，当地居民长久以来饱受工业污染之苦，居民反对 PX 项目建设是源于对当地政府污染治理意愿与能力的不信任。

第四章从政治机会结构和资源动员角度考察我国环境参与力量多元化的趋势。昆明 PX 事件是我国多元环境力量互动的一个典型案例。笔者通过对该案例的深入研究发现，环境力量之间有两种不同的联结方式，即，当地社区与地方性环保组织之间的联结,以及地方性环保组织与全国性环保组织之间的联结。在多层级治理体系下,中央政府需要借助环保组织对地方政府进行监督,由此给予了全国性环保组织相对宽松的行动空间。地方性环保组织与全国性环保组织的联合有助于环境行动超越地方的限制,成为全国性的热点议题。此外,环保组织及个人间的关系网络也是促成多元环境力量联结的关键因素。云南作为我国环保组织的摇篮,培育了一大批从事环保工作的精英人士,这些人士与云南环保组织之间关系密切,从而能够及时介入昆明 PX 事件。多元环境力量之间的联结随着政治机会结构的变化而变化。由昆明市民发起的集体行动迫使地方政府采取更为包容的态度,从而扩大了环保组织参与的政治机会,并由此促成了地方性环保组织与全国性环保组织的联合行动。

第五章探究地方政府对环境行动的差异化回应模式及其影响路径。本章运用定性比较分析法对 15 个由大型污染型设施选址引发的环境行动案例进行系统分析。解释结果是地方政府是否由于冲突事件的发生而改变原有的选址决定。解释条件包括环境行动是否获得政治精英支持、行动规模、项目建设进展与媒体曝光程度。分析结果显示了促使地方政府改变选址决策的三条路径。第一条路径凸显了政治机会结构的重要性。政治系统内部的分化导致部分政治精英公开支持公众的环境行动。政治精英的支持虽然不能直接撼动政府决策,却能吸引媒体与中央政府对事件的关注,并为大规模的环境行动提供合法性支持。第二条路径强调了信息社会背景下媒体与互联网对政府回应的重要影响。媒体报道有助于扩大冲突事件的社会影响力,争取社会舆论的支持,从而对地方政府施压。第三条路径则显示出回应成本对政府决策的影响。由于项目处于建设后期阶段,停工或搬迁的成本高昂,需要同时结合政治精英支持与媒体广泛报道才能促使地方政府妥协。

第六章探究环境行动回应中地方政府从冲突事件平息向制度化吸纳的转向及其影响因素。本章从政策网络治理的视角出发,系统考察两个由公众环境行动推动政府回应转向的典型案例。在北京阿苏卫垃圾焚烧案例中,虽然居民的环境行动没能阻止垃圾焚烧厂的建设,却改变了政府与民众互动的方式,并促成了《北京市生活垃圾管理条例》的出台。在广州番禺垃圾焚烧案例中,居民的环境行动不仅改变了垃圾焚烧厂的选址结果,更是推动了网络问政决策方式的采纳和广州市城市废弃物处理公众咨询监督委员会的成立。政府回应转向与政策网络的开放度密切相关。具有不同立场、理念、专业知识和资源的多元行动者组成的议题网络异质性程度较高,有助于信息传播并通过竞争行为推动网络的发展。此外,从一开始“主烧派”与“反烧派”之间的激烈对峙到后来双方在相互理解的基础上共同思考城市生活垃圾处理之道,这种信念体系的变化也有助于促成地方政府对冲突事件的吸纳。

第七章从治理能力的角度考察地方政府对环境行动的

吸纳机制及其成效。环境行动的症结在于民众对环境风险的担忧。由于风险超出人们的直观感知,需要依赖于科学技术论证。专家对环境风险的判定标准与民众日常生活体验之间存在较大差异,由此导致民众对专家的风险判定存疑。这种对环境风险的担忧难以通过传统的经济补偿或技术说明予以缓解。同时,环境风险的影响范围难以确定,再加上信息时代互联网与新媒体的传播与放大效应,导致环境行动的参与规模呈扩大化的趋势,且参与主体难以精确识别。这种状况使传统的面对面的协商谈判机制影响式微。在此背景下,地方政府发展出一系列创新治理机制对环境行动进行吸纳。本章归纳出四种吸纳机制,包括技术式说服、行政式吸纳、协商式对话和参与式决策,并结合案例对四种吸纳机制的运用及其成效进行了深入探究。

第八章在概括全书研究发现的基础上,对两个问题展开进一步探讨。第一,辨析邻避效应概念,从行动动机、议题属性、地域观念等角度出发,探讨中国环境行动在多大程度上能被归结为邻避效应。第二,结合环境行动的价值诉求、参与主体、动员方式等特征,从风险治理框架的建立和协商治理机制的创新两个方面探索中国环境/邻避事件的治理路径。

第二章
公众的环境意识与环保参与

改革开放四十年来,快速经济增长带来的环境污染问题日益严峻,各类污染事件多发频发,环境问题逐渐成为社会关注的热点问题。2005 年,吉林石化公司双苯厂发生爆炸,约百吨苯类物质流入松花江,沿岸数百万居民的生活受到影响。2007 年,江苏太湖爆发严重的海藻污染,造成无锡市全城自来水污染,居民生活用水和饮用水严重短缺。2013 年,中国遭遇史上最严重的雾霾天气。雾霾波及华北平原、黄淮、江淮、江汉、江南、华南北部等地区,受影响面积约占国土面积的 1/4,受影响人口约 6 亿人。① 受雾霾影

① 《中国四分之一国土出现雾霾近半数国人受影响》(2013 年 7 月 12 日),人民网,http://scitech.people.com.cn/n/2013/0712/c1057-22176267.html,最后浏览日期:2021 年 11 月 24 日。

响,PM2.5 指数爆表,白天能见度不足几十米,由此产生中小学停课、高速公路封闭、公交线路停运等一系列社会影响。当年全国平均雾霾天数达 29.9 天,创 52 年以来之最。① 环境污染给中国带来了严重的经济与健康损失。根据世界银行的估算,中国每年环境污染与恶化的成本占 GDP 的 8%—12%。② 2006 年,国家环保总局(现生态环境部)的数据显示,环境污染造成的经济损失约占 GDP 的 10%。③ 直至 2015 年,虽然状况有所好转,但因环境污染和生态破坏造成的经济损失仍占 GDP 的 6%。④ 与此同时,环境污染给中国民众带来不可忽视的健康损害。在中国大约有 7 亿人每天饮用被污染的水,超过 3/4 流经中国城市地区的河流不适合饮用,几乎 1/4 的国土面积(包括 1/3 的农业用地)受到酸雨的侵害。⑤ 2014 年,环境保护部发布了关于中国人群环境暴露行为模式的全国性研究结果,显示我

① 《2013 年全国遭史上最严重雾霾天气　创 52 年以来之最》(2013 年 12 月 30 日),央广网,http://travel.cnr.cn/2011lvpd/gny/201312/t20131230_514523867.shtml,最后浏览日期:2021 年 11 月 24 日。

② Economy,E.,*Congressional Testimony: China's Environmental Challenges*,Council on Foreign Affairs,2004,转引自李万新:《中国的环境监管与治理——理念、承诺、能力和赋权》,《公共行政评论》2008 年第 5 期。

③ 《环境污染造成经济损失约占 GDP 的 10%》,《中国经济时报》,2006 年 6 月 6 日。

④ 《环境经济账须计算污染带来的健康代价》,《法制日报》,2015 年 9 月 11 日。

⑤ Economy,E.,*Congressional Testimony: China's Environmental Challenges*,Council on Foreign Affairs,2004,转引自李万新:《中国的环境监管与治理——理念、承诺、能力和赋权》,《公共行政评论》2008 年第 5 期。

国有 2.5 亿人居住于靠近重点排污企业或交通干道等"高风险地区",2.8 亿居民使用不安全饮用水。① 环境保护专家公开表示,环境污染对人体健康所造成的损害不可小觑,PM2.5 污染可导致敏感人群过早死亡和罹患各种疾病。②

随着生态环境的恶化与人们对生活质量期待的提高,环境问题逐渐成为社会关注的热点问题。公众环境意识的养成对实现环境治理目标而言至关重要。一方面,公众对环境问题的重视可被视为一种民意信号,有助于推动政府将环境保护工作提上议事日程。另一方面,环境保护工作很多时候需要公众的理解与支持。比如,建设垃圾焚烧厂的出发点是为了推进城市生活垃圾减量化、无害化与资源化处理,然而,政府如果不能将这些环保初衷与公众进行有效沟通,建设项目不仅不能得到公众的支持,甚至可能会遭到抵制,从而影响项目的建设进程。鉴于此,本章主要系统地考察中国公众的环境意识与环保参与行为。

数据来源于 2010 年中国综合社会调查(CGSS2010)。2010 年中国综合社会调查是一项全国范围的代表性调查,总样本量为 11 783。调查采用多阶分层抽样法选取受访者,并由经过培训的访问员进行面对面访问。环境模块是总体调查的一个子模块,随机抽取 1/3 的受访者进行回答,该模块有效样本量为 3 716。本章主要针对这一模块进行分析。

---

① 《环保部:2.8 亿居民使用不安全饮用水》,《新京报》,2014 年 3 月 15 日。
② 《环境经济账须计算污染带来的健康代价》,《法制日报》,2015 年 9 月 11 日。

一、公众的环境意识

公众对环境问题的关注度较高。问卷询问受访者"总体上说,您对环境问题有多关注",选项包括"完全不关心""比较不关心""说不上关心不关心""比较关心""非常关心"和"无法选择"。剔除"无法选择"这一选项后,其余选项的统计结果如表2.1所示。66.5%的受访者表示关心环境问题(选项4和5)。其中17.43%的受访者表示非常关心,49.07%的受访者表示比较关心。

表2.1 公众对环境问题的关注程度

您对环境问题有多关注?	比例(%)
1. 完全不关心	3.15
2. 比较不关心	10.82
3. 说不上关心不关心	19.53
4. 比较关心	49.07
5. 非常关心	17.43

数据来源:2010年中国综合社会调查。

公众认为中国面临的环境问题令人担忧。问卷询问受访者"根据您自己的判断,整体上看,您觉得中国面临的环境问题是否严重?",选项包括"非常严重""比较严重""既严重也不严重""不太严重""根本不严重"和"无法选择"。剔除"无法选择"这一选项后,其余选项的统计结果如表2.2所示。75.66%的受访者认为中国面临严峻的环境问题(选项1和2)。其中23.01%的受访者认为中国的环境问题

非常严重, 52.65％的受访者认为中国的环境问题比较
严重。

表 2.2　公众认为环境问题的严重程度

您觉得中国面临的环境问题是否严重?	比例(%)
1. 非常严重	23.01
2. 比较严重	52.65
3. 既严重也不严重	11.34
4. 不太严重	12.26
5. 根本不严重	0.74

数据来源:2010 年中国综合社会调查。

　　公众对不同类型环境问题严重程度的感知存在差
异。问卷罗列出一系列环境问题,让受访者做出选择,询
问受访者的问题有:"您认为哪个问题是中国当前最重要
的环境问题?"和"您认为哪个问题对您和您的家庭影响最
大?"。剔除"以上都不是"和"无法选择"这两个选项后,其
余选项的统计结果如表 2.3 所示。空气污染(34.77％)、水
污染(20.26％)和生活垃圾处理(18.05％)是公众认为中国
面临的最重要的环境问题。同时,这三个问题也是公众认
为对其生活影响最大的问题,只是重要程度有所变化。空
气污染依然排在首位,占 27.75％,可见公众对空气污染感
受强烈。生活垃圾处理(22.79％)的影响程度超过了水污
染(20.2％),这可能是因为生活垃圾处理与人们日常生活
的联系更为紧密,对公众的影响更为显性。

表 2.3 公众认为各类环境问题的严重程度

环境问题	您认为哪个问题是中国当前最重要的环境问题？（%）	您认为哪个问题对您和您的家庭影响最大？（%）
空气污染	34.77	27.75
化肥和农药污染	10.19	16.32
水资源短缺	5.28	5.78
水污染	20.26	20.20
核废料	0.56	0.10
生活垃圾处理	18.05	22.79
气候变化	5.81	4.14
转基因食品	0.99	1.94
自然资源枯竭	4.07	0.99

数据来源：2010 年中国综合社会调查。

如何在环境保护与其他社会问题之间进行选择体现了公众对环境保护工作的重视程度。问卷设计者在 CGSS2010 中罗列了一系列社会问题，包括(1)医疗保健、(2)教育、(3)犯罪、(4)环境、(5)移民、(6)经济、(7)恐怖主义和(8)贫困，然后询问受访者"您认为就我国当前的情况而言，下列各项问题中最重要的是哪个"和"您认为第二重要的问题是哪个"两个问题，要求受访者做出选择。结果显示，5.09％的受访者认为环境是最重要的问题，8.39％的受访者认为环境是第二重要的问题。虽然与医疗保健、教育、经济等传统社会问题相比，环境问题所占比重并不算高，但这个调查结果说明，中国公众已经开始要求将环境保护纳入政府的发展决策当中。

　　除了环境问题的严重程度之外，公众的环境意识还与更深层的文化价值观密切相关，这种价值观涉及工业社会发展与环境制约之间的关系、人类对自然环境的控制力及自然环境的可承载力等方面。① 在过去的 30 年间，新生态范式量表被广泛用于测量人们的环境关心水平，该量表包括 15 个项目：(1)目前的人口总量正在接近地球能够承受的极限；(2)人是最重要的，可以为了满足自身的需要而改变自然环境；(3)人类对于自然的破坏常常导致灾难性后果；(4)由于人类的智慧，地球环境状况的改善是完全可能的；(5)目前人类正在滥用和破坏环境；(6)只要我们知道如何开发，地球上的自然资源是很充足的；(7)动植物与人类有一样的生存权；(8)自然界的自我平衡能力足够强，完全可以应对现代工业社会的冲击；(9)尽管人类有特殊能力，但是仍然受自然规律的支配；(10)所谓人类正在面临"环境危机"，是一种过分夸大的说法；(11)地球就像宇宙飞船，只有很有限的空间和资源；(12)人类生来就是主人，是要统治自然界的其他部分的；(13)自然界的平衡是很脆弱的，很容易被打乱；(14)人类终将知道更多的自然规律，从而有能力控制自然；(15)如果一切按照目前的样子继续，我们很快将遭受严重的自然灾难。② 在这 15 个项目中，8 个是正向陈述，高分表示亲环境价值观(1＝非常不同

① 洪大用：《环境关心的测量：NEP 量表在中国的应用评估》，《社会》2006 年第 5 期。
② Dunlap, R., Van Liere, K., Mertig, A. & Jones, R., "Measuring endorsement of the new ecological paradigm: A revised NEP scale", *Journal of Social Issues*, 2000, 56(3), pp. 425–442.

意,5＝非常同意),7 个是反向陈述。笔者对反向陈述进行重新编码,以使高分代表亲环境价值观。这个量表的分值范围是 15—75 分。

CGSS2010 数据显示,受访者的环境关心水平均值为 53.76 分(标准差为 7.44),最低得分为 26 分,最高得分为 75 分。具体分数段的情况如下:9.18％的受访者得分在 45 分以下,46.17％的受访者得分为 45—54 分,36.05％的受访者得分为 55—64 分,8.6％的受访者得分在 65 分及以上。研究显示,环境价值观与年龄、教育程度、收入水平有密切的关联。[①] 下文分别考察年龄、教育程度和收入水平与环境关心之间的关系。

表 2.4 展示了不同年龄段的受访者的环境关心水平。总体而言,年轻人比老年人有更高的环境关心水平。从数据上看,45 岁是一个分界线,45 岁以下的受访者的环境关心水平明显高于 45 岁及以上的受访者。45 岁以下的受访者的环境关心水平得分在 65 分及以上的比例高于 10％,而得分在 45 分以下的比例则低于 10％。相对地,45 岁及以上

[①]　洪大用、卢春天:《公众环境关心的多层分析——基于中国 CGSS2003 的数据应用》,《社会学研究》2011 年第 6 期;洪大用:《中国城市居民的环境意识》,《社会学研究》2005 年第 1 期; Gelissen, J., "Explaining popular support for environmental protection: A multilevel analysis of 50 nations", *Environment and Behavior*, 2007, 39(3), pp. 392 - 415; Franzen, A. & Meyer, R., "Environmental attitudes in cross-national perspective: A multilevel analysis of the ISSP 1993 and 2000", *European Sociological Review*, 2010, 26(2), pp. 219-234。

的受访者的环境关心水平得分在 65 分及以上的比例远远低于 10%，而得分在 45 分以下的比例则接近或高于 10%。这种情况部分源于代际观念转变，同时也与年轻人和老年人在环境信息获取能力上的差异有关。

表 2.4　不同年龄的人的环境关心水平比较

受访者年龄	45 分以下 (%)	45—54 分 (%)	55—64 分 (%)	65 分及以上 (%)
25 岁以下	6.16	35.55	47.39	10.90
25—34 岁	6.57	41.85	41.12	10.46
35—44 岁	8.80	43.13	36.91	11.16
45—54 岁	10.60	54.22	28.67	6.51
55—64 岁	9.63	50.17	33.55	6.64
65 岁及以上	13.99	49.79	31.69	4.53

数据来源：2010 年中国综合社会调查。

表 2.5 展示了不同教育程度的受访者的环境关心水平。总体而言，随着教育程度的提高，环境关心水平也随之提高。在环境关心水平得分高于或等于 65 分的受访者中，受过小学及以下教育的受访者比例仅为 2.68%，受过初中教育的受访者比例为 6.44%，受过高中教育的受访者比例为 9.7%，受过大专教育的受访者比例为 12.6%，受过本科及以上教育的受访者比例为 18.37%。相对地，在环境关心水平得分低于 45 分的受访者中，受过小学及以下教育的受访者比例高达 16.74%，受过初中教育的受访者比例为 11.02%，受过高中教育的受访者比例为 5.94%，受过大专

教育的受访者比例为 5.12%,受过本科及以上教育的受访者比例仅为 2.04%。由此可见,环境关心与教育程度之间关系密切。教育不仅能提升科学素养,提高人们对环境问题的认知,还有助于培养开放的态度,使人们更容易接受环境保护的理念,从而提升人们的环境关心水平。

表 2.5 不同教育程度的人的环境关心水平比较

教育程度	45 分以下 (%)	45—54 分 (%)	55—64 分 (%)	65 分及以上 (%)
小学及以下	16.74	59.82	20.76	2.68
初中	11.02	49.49	33.05	6.44
高中	5.94	42.57	41.78	9.70
大专	5.12	33.07	49.21	12.60
本科及以上	2.04	34.29	45.31	18.37

数据来源:2010 年中国综合社会调查。

有研究显示,来自富裕国家或地区的人有更高水平的环境关心。这一方面是因为来自富裕国家或地区的人对生活质量有更高的要求。另一方面,因为保护环境往往需要金钱或时间上的投入,来自富裕国家或地区的人更有意愿或能力承担环境保护所需的成本。① 表 2.6 展示了不同收

① Gelissen, J., "Explaining popular support for environmental protection: A multilevel analysis of 50 nations", *Environment and Behavior*, 2007, 39(3), pp. 392-415; Franzen, A. & Meyer, R., "Environmental attitudes in cross-national perspective: A multilevel analysis of the ISSP 1993 and 2000", *European Sociological Review*, 2010, 26(2), pp. 219-234.

入水平的受访者的环境关心水平。总体而言,随着收入的提高,环境关心水平也随之提高。在环境关心水平得分低于 45 分的受访者中,年收入在 3 000 元以下的受访者比例为 19.42%,年收入在 3 000—9 999 元的受访者比例为 16.27%,年收入在 10 000—29 999 元的受访者比例为 7.69%,年收入在 30 000—59 999 元的受访者比例为 7.98%,年收入在 60 000 元及以上的受访者比例仅为 1.4%。相对地,在环境关心水平得分高于或等于 65 分的受访者中,年收入在 30 000 元以下的受访者比例远低于 10%,而年收入在 30 000 元及以上的受访者比例则明显高于 10%。这一发现与现有文献的观点基本一致,即富裕群体有更高水平的环境关心。

表 2.6　不同收入水平的人的环境关心水平比较

收入水平	45 分以下 (%)	45—54 分 (%)	55—64 分 (%)	65 分及以上 (%)
3 000 元以下	19.42	54.37	18.45	7.77
3 000—9 999 元	16.27	54.44	26.04	3.25
10 000—29 999 元	7.69	46.01	38.74	7.55
30 000—59 999 元	7.98	38.78	41.83	11.41
60 000 元及以上	1.40	32.87	48.25	17.48

数据来源:2010 年中国综合社会调查。

二、公众对政府环境保护工作的评价

公众认为政府和企业是应对环境问题的责任主体。问卷询问受访者"就企业、政府、公民团体和公民个人而言,您认为哪一方最需要对缓解中国面临的环境问题负责任?",统计结果如表2.7所示。超过一半(56.28%)的受访者认为政府需要对缓解环境问题负责任,32.39%的受访者认为企业需要负责任,认为公民团体或个人需要对缓解环境问题负责任的受访者均不到10%。

表2.7　公众认为缓解环境问题的责任主体

责任主体	比例(%)
企业	32.39
政府	56.28
公民团体	3.77
公民个人	7.55

数据来源:2010年中国综合社会调查。

公众认为对企业和个人应当采取不同的环境治理工具。问卷分别询问受访者"您认为以下哪种方式是能够让中国的工商企业保护环境的最好方式"和"您认为以下哪种方式是能够让中国的公众及其家庭保护环境的最好方式"两个问题,选项包括"重罚破坏环境的企业/个人""使用税收手段奖励保护环境的企业/个人""向企业/个人提供更多的关于环境保护好处的信息和培训"和"无法选择"。剔除"无法选择"这一选项后,其余选项的统计结果如表2.8所示。

表2.8　公众认为保护环境的有效方式

保护环境的方式	企业(%)	个人(%)
重罚破坏环境的企业/个人	48.06	30.41
使用税收手段奖励保护环境的企业/个人	22.54	23.43
向企业/个人提供更多的关于保护环境好处的信息和培训	29.40	46.17

数据来源:2010年中国综合社会调查。

从表2.8我们可以看到,受访者认为对企业和个人应当采用差异化的政策工具。接近一半(48.06%)的受访者认为对企业采用重罚的方式最为有效,而认为应当对个人采用重罚方式的比例仅为30.41%。接近一半(46.17%)的受访者认为向个人提供更多环境保护信息的方式最为有效,而认为向企业提供环境保护信息方式有效的受访者比例仅为29.4%。在使用税收手段奖励环境保护行为方面,两者的比例比较接近,分别有22.54%和23.43%的受访者认为对企业和个人进行税收奖励是有效的环境保护手段。

根据CGSS2010数据结果,公众对政府环境保护工作的评价整体偏低。CGSS2010问卷分别询问受访者"在解决中国国内环境问题方面,您认为近五年来,中央政府做得怎么样?"和"在解决您所在地区环境问题方面,您认为近五年来,地方政府做得怎么样?"两个问题,答案有六个选项,分别是"片面注重经济发展,忽视了环境保护工作""重视不够,环保投入不足""虽尽了努力,但效果不佳""尽了很大努力,有一定成效""取得了很大的成绩"和"无法选择"。剔除

"无法选择"这一选项后,其余选项的统计结果如表 2.9 所示。

　　总体而言,公众对政府环境保护工作持消极或中性评价的比例要高于积极评价。54.92%的受访者对中央政府环境保护工作持消极或中性评价(选项 1、2 和 3)。其中,26.68%的受访者认为中央政府对环境保护工作重视不够(选项 1 和 2),28.24%的受访者认为中央政府虽然尽了努力但效果不佳(选项 3)。68.23%的受访者对地方政府环境保护工作持消极或中性评价(选项 1、2 和 3)。其中,47.18%的受访者认为地方政府对环境保护工作重视不够(选项 1 和 2),21.05%的受访者认为地方政府虽尽了努力但效果不佳(选项 3)。

表 2.9　公众对政府环境保护工作的评价

评价选项	中央政府 (%)	地方政府 (%)
1. 片面注重经济发展,忽视了环境保护工作	8.83	15.12
2. 重视不够,环保投入不足	17.85	32.06
3. 虽尽了努力,但效果不佳	28.24	21.05
4. 尽了很大努力,有一定成效	35.21	26.79
5. 取得了很大的成绩	9.87	4.98

数据来源:2010 年中国综合社会调查。

　　对中央与地方政府的比较分析进一步显示,公众对中央政府环境保护工作的评价要显著高于对地方政府的评价。15.12％的受访者认为地方政府片面注重经济发展而忽视了环境保护工作,这一比例比中央政府(8.83％)高出约七成。32.06％的受访者认为地方政府对环境保护重视不够且环保投入不足,这一比例比中央政府(17.85％)高出近八成。在多层级治理体系下,中央政府负责发展规划与政策的制定,地方政府负责政策执行以及处理民众的诉求与不满,因而公众倾向于将环境问题归因于地方政府而非中央政府。此外,中央政府承担环境保护的主要责任,在发展战略层面强调经济发展与环境保护并重;地方政府却往往以经济发展为第一要务,将 GDP 增长作为政绩的主要体现,从而导致了公众对地方政府环境保护工作的质疑。

三、公众的环保参与行为

公众参与是环境治理目标实现的重要条件。CGSS2010 调查显示,公众有参与环境保护的意愿,但同时也受其他条件的制约。如表 2.10 所示,接近一半(48.69％)的受访者表示"即使花费更多的钱和时间,我也要做有利于环境的事"(选项 4 和 5),与此同时,65.85％的受访者认为"生活中还有比环境保护更重要的事情要做"(选项 4 和 5),42.09％的受访者觉得自己"很难为环境保护做什么"(选项 4 和 5),还有66.89％的受访者认为"除非大家都做,否则我保护环境的努力就没有意义"(选项 4 和 5)。

表 2.10　公众参与环境保护的意愿

环保参与意愿	1. 完全不同意（%）	2. 比较不同意（%）	3. 无所谓同意不同意(%)	4. 比较同意（%）	5. 完全同意（%）
即使要花费更多的钱和时间，我也要做有利于环境的事	3.04	20.63	27.64	36.15	12.54
生活中还有比环境保护更重要的事情要做	2.92	12.73	18.51	47.02	18.83
像我这样的人很难为环境保护做什么	11.67	36.69	9.55	31.50	10.59
除非大家都做，否则我保护环境的努力就没有意义	5.05	16.98	11.07	41.98	24.91

数据来源：2010 年中国综合社会调查。

环境保护往往需要可观的资源投入，公众是否愿意为此付出金钱和时间会影响环保政策的制定与实施。表 2.11 展示了公众的环保付出意愿。46.66％的受访者愿意为保护环境支付更高的价格(选项 1 和 2)，37.97％的受访者愿意为保护环境缴纳更高的税，34.03％的受访者愿意为保护环境降低生活水平。从这个统计结果可以看到，公众的环保付出意愿相对较高,大约三分之一到一半的受访者愿意为了保护环境付出金钱或降低生活水平。公众对环保政策的支持态度为中国生态文明建设提供了有利的社会基础。

表 2.11　公众为环境保护付出的意愿

环保付出意愿	1. 非常愿意 (%)	2. 比较愿意 (%)	3. 既非愿意也非不愿意 (%)	4. 不太愿意 (%)	5. 非常不愿意 (%)
为了保护环境,您在多大程度上愿意支付更高的价格?	9.37	37.29	20.20	25.37	7.78
为了保护环境,您在多大程度上愿意缴纳更高的税?	6.25	31.72	21.08	31.20	9.75
为了保护环境,您在多大程度上愿意降低生活水平?	5.43	28.60	19.64	33.73	12.60

数据来源:2010 年中国综合社会调查。

　　表 2.12 展示了不同类型环保行为的公众参与情况。我们可以看到受访者主要通过如下三种方式参与环境保护。首先,节能与回收是最普遍的一种环保参与行为。具体而言,48.99%的受访者表示会节约用水或对水进行再利用(选项 1 和 2),32.66%的受访者表示会减少油、气、电等能源或燃料的消耗量,31.76%的受访者表示会将玻璃、铝

罐、塑料或报纸等进行分类以方便回收。其次,公众还通过绿色消费参与环境保护。具体而言,24.32%的受访者表示会为了保护环境而不去购买某些产品(选项 1 和 2),22.84%的受访者会购买没有施用过化肥和农药的水果和蔬菜。最后,仅有 5.44%的受访者表示会为了环境保护而减少开车,这种状况导致汽车尾气正在成为一个越来越重要的污染源。

表 2.12　各类环保行为的公众参与情况

环保行为	1. 总是(%)	2. 经常(%)	3. 有时(%)	4. 从不(%)
您经常会特意将玻璃、铝罐、塑料或报纸等进行分类以方便回收吗?	11.97	19.79	23.84	44.40
您经常会特意购买没有施用过化肥和农药的水果和蔬菜吗?	6.75	16.09	28.36	48.79
您经常会特意为了环境保护而减少开车吗?	1.98	3.46	8.99	85.57
您经常会特意为了保护环境而减少居家的油、气、电等能源或燃料的消耗量吗?	9.98	22.68	40.26	27.09
您经常会特意为了环境保护而节约用水或对水进行再利用吗?	17.30	31.69	33.99	17.02
您经常会特意为了环境保护而不去购买某些产品吗?	7.40	16.92	41.62	34.06

数据来源:2010 年中国综合社会调查。

　　除了日常生活中的环保行为之外，在面临污染危害的情况下公众也会采取相对积极的环境行动。表 2.13 展示了不同类型环境行动的公众参与情况。问卷询问受访者"在过去 5 年中，您是否有过以下行动"，并罗列了三种类型的环境行动：(1)就某个环境问题签署请愿书；(2)给环保团体捐过钱；(3)为某个环境问题参加过抗议或示威游行。统计结果显示：总体而言，公众参与环境行动的比例较低；具体而言，1.34％的受访者表示就某个环境问题签署过请愿书，5.28％的受访者表示给环保团体捐过钱，0.41％的受访者表示为某个环境问题参加过抗议或示威游行。

表 2.13　各类环境行动的公众参与情况

环境行动类型	有(%)	没有(%)
(1) 就某个环境问题签署请愿书	1.34	98.66
(2) 给环保团体捐过钱	5.28	94.72
(3) 为某个环境问题参加过抗议或示威游行	0.41	99.59

数据来源：2010 年中国综合社会调查。

四、各类环保参与行为的影响分析

　　从上述分析可知，公众环保参与存在多种类型。根据参与领域属于公共还是私人领域、参与性质属于积极还是消极参与这两个维度，可以将环保参与行为划分为三种类型，包括个人生活型参与、政策支持型参与及环境公民型参与。① 不同类型的环保行为对参与成本与介入程度的要求存在明显的差异。政策支持型参与属于消极型参与,参与成本较低,介入程度也不高。个人生活型参与成本并不算高,但贵在生活习惯的养成与长期坚持。环境公民型参与所付出的成本与介入程度都相对较高,需要较高水平的信念与决心来支撑。

公众的环保参与行为受到不同因素的影响。一方面,亲身经历过污染伤害或感知到生存环境面临污染威胁可能激发公众的环保参与行为。环境污染的分布往往是不平等的,②来自贫困地区或处于社会底层的弱势群体更有可能暴露于污染之中,为了避免污染的伤害而采取环境保护行为。此外,环境信息的获取以及亲环境价值观的采纳也有助于推动公众参与环境保护活动。③ 另一方面,对政府环境保护工作缺乏信心则有可能抑制公众的环保参与行为。地方政府"重发展、轻保护"的做法可能会削弱公众对政府环境保

---

① Stern, P., "Toward a coherent theory of environmentally significant behavior", *Journal of Social Issues*, 2000, 56(3), pp. 407-424; Dietz, T., Stern, P. & Guagnano, G., "Social structural and social psychological bases of environmental concern", *Environment and Behavior*, 1998, 30(4), pp. 450-471.

② Brulle, R. & Pellow, D., "Environmental justice: Human health and environmental inequalities", *Annual Review of Sociology*, 2006, 27, pp. 103-124.

③ Clements, B., "The sociological and attitudinal bases of environmentally-related beliefs and behaviour in Britain", *Environmental Politics*, 2012, 21(6), pp. 901-921.

护工作的信心,降低公众参与环境保护事务的热情。基于这些考量,下文主要考察污染感知、环境关心和对政府环境保护工作的评价这三个变量与不同类型的环保参与行为之间的关系。

（一）个人生活型参与

个人生活型参与指向公众的生活方式与环保习惯,包括生活垃圾分类回收、为了保护环境而减少开车、选择购买具有环保标志的产品等。笔者采用环保产品购买选择作为个人生活型环保参与行为的指标。问卷询问受访者"您经常会特意为了环境保护而不去购买某些产品吗?",选项包括"总是""经常""有时"和"从不"。相关统计结果参见表2.12。

总体而言,对污染感知程度严重的人更有可能采纳亲环境的生活方式。表2.14展示了不同污染感知程度的受

表 2.14　不同污染感知程度者的个人生活型环保参与行为的比较

整体上看,您觉得中国面临的环境问题是否严重?	您经常会为了环境保护而不去购买某些产品吗?			
	1. 从不（%）	2. 有时（%）	3. 经常（%）	4. 总是（%）
非常严重	22.61	39.28	25.45	12.66
比较严重	28.00	47.18	18.27	6.55
既严重也不严重	45.38	39.58	10.55	4.49
不太严重	45.01	37.71	10.46	6.81
根本不严重	68.00	16.00	8.00	8.00

数据来源:2010年中国综合社会调查。

访者的个人生活型环保参与行为。在认为中国面临非常严重或比较严重的环境问题的受访者中,超过 70％的人表示会为了保护环境而不去购买某些产品(选项 2、3 和 4),而这个比例在认为中国面临的环境问题不太严重或根本不严重的受访者当中仅为 54.99％和 32％。

表 2.15 展示了不同环境关心水平的受访者的个人生活型环保参与行为。总体而言,环境关心水平越高的人越有可能采纳亲环境的生活方式。在表示会为了环境保护而不去购买某些产品的受访者中(选项 2、3 和 4),环境关心水平得分在 45 分以下的受访者比例为 60.96％,45—54 分的受访者比例为 66.35％,55—64 分的受访者比例为 83.45％,65 分及以上的受访者比例为 83.52％。

表 2.15　不同环境关心水平者的个人生活型环保参与行为的比较

环境关心 水平得分	您经常会为了环境保护而不去购买某些产品吗?			
	1. 从不 (％)	2. 有时 (％)	3. 经常 (％)	4. 总是 (％)
45 分以下	39.04	33.16	22.46	5.35
45—54 分	33.65	43.21	17.52	5.63
55—64 分	16.55	50.20	23.61	9.63
65 分及以上	16.48	38.07	28.41	17.05

数据来源:2010 年中国综合社会调查。

接下来,笔者考察对政府环境保护工作的评价与个人生活型环保参与行为之间的关系。如前所述,对政府环境保护工作的评价包括对中央政府和地方政府的评价。由于不同地方政府实施环保政策的动机与能力差异较大,而此处主要关注公众对政府环境保护工作的整体性评价,因而采用对中央政府环境保护工作的评价作为测量指标。CGSS2010 问卷询问受访者"在解决中国国内环境问题方面,您认为近五年来,中央政府做得怎么样",相关统计结果参见表2.9。

分析表明,对中央政府环境保护工作评价较低的人更有可能采纳亲环境的生活方式(见表2.16)。在认为政府片面注重经济发展而忽视了环境保护工作、对环境保护工作重视不够且环保投入不足或政府虽尽了努力但效果不佳的受访者中,超过七成的人表示会为了环境保护而不去购买某些产品(选项2、3和4);而在认为政府对环境保护工作尽了很大努力且取得了一定成效或很大成效的受访者中,这一比例不足七成。这可能是因为重视环境保护的人倾向于对政府环保工作有更高的期待,这种期待与政府环保绩效之间的落差导致这一群体对政府环境保护工作的评价较低。然而,正是由于对环境保护的重视,这一群体更有可能采纳亲环境的生活方式。

表 2.16　对中央政府环境保护工作持不同评价者的
个人生活型环保参与行为的比较

对政府环境保护工作的评价	您经常会为了环境保护而不去购买某些产品吗?			
	1. 从不（%）	2. 有时（%）	3. 经常（%）	4. 总是（%）
片面注重经济发展,忽视了环境保护工作	24.44	49.62	17.29	8.65

（续表）

对政府环境保护工作的评价	您经常会为了环境保护而不去购买某些产品吗?			
	1. 从不（%）	2. 有时（%）	3. 经常（%）	4. 总是（%）
重视不够,环保投入不足	27.21	46.69	20.59	5.51
虽尽了努力,但效果不佳	24.36	49.07	19.03	7.54
尽了很大努力,有一定成效	34.02	38.58	18.92	8.48
取得了很大的成绩	35.45	32.78	19.06	12.71

数据来源:2010 年中国综合社会调查。

（二）政策支持型参与

政策支持型参与指向公众对环境保护政策的支持,包括愿意为了保护环境而缴纳更高的税收、支付更高的价格、降低生活水平等。笔者选用为了保护环境而支付更高价格的意愿作为政策支持型环保参与行为的指标。问卷询问受访者"为了保护环境,您在多大程度上愿意支付更高的价格",选项包括"非常愿意""比较愿意""既非愿意也非不愿意""不太愿意"和"非常不愿意"。相关统计结果参见表2.11。

总体而言,对污染感知程度严重的人更有可能支持政府的环境保护政策。表 2.17 展示了不同污染感知程度的受访者的政策支持型环保参与行为。在认为中国面临的环境问题非常严重或比较严重的受访者中,大约三成的人表示不愿意(选项 4 和 5)为了保护环境而支付更高的价格;而在认为中国面临的环境问题不太严重或根本不严重的受访者中,表示不愿意(选项 4 和 5)为了保护环境而支付更高价格的比例超过四成。

表 2.17 不同污染感知程度者的政策支持型
环保参与行为的比较

整体上看,您觉得中国面临的环境问题是否严重?	为了保护环境,您在多大程度上愿意支付更高的价格?				
	1. 非常愿意(%)	2. 比较愿意(%)	3. 既非愿意也非不愿意(%)	4. 不太愿意(%)	5. 非常不愿意(%)
非常严重	17.93	41.30	16.17	16.71	7.88
比较严重	6.90	41.44	20.75	25.11	5.81
既严重也不严重	6.02	24.64	29.23	28.65	11.46
不太严重	8.68	33.16	15.79	31.84	10.53
根本不严重	20.00	25.00	10.00	35.00	10.00

数据来源:2010 年中国综合社会调查。

表 2.18 展示了不同环境关心水平的受访者的政策支持型环保参与行为。数据显示,随着环境关心水平的提高,对政府环保政策的支持度也随之提高。在环境关心水平得分低于 55 分的受访者中,超过三成的受访者表示不愿意(选项 4 和 5)为了保护环境而支付更高的价格;而在环境关心水平得分高于或等于 55 分的受访者中,表示不愿意(选

项4和5)为了保护环境而支付更高价格的比例远低于
三成。

表 2.18　不同环境关心水平者的政策支持型
环保参与行为的比较

环境关心 水平得分	为了保护环境,您在多大程度上愿意支付更高的价格?				
	1. 非常 愿意 (%)	2. 比较 愿意 (%)	3. 既非愿 意也非不 愿意(%)	4. 不太 愿意 (%)	5. 非常 不愿意 (%)
45分以下	14.29	36.81	10.99	30.22	7.69
45—54分	9.24	37.42	21.38	26.17	5.79
55—64分	9.48	44.91	21.06	20.08	4.46
65分及以上	12.87	42.69	22.22	12.87	9.36

数据来源:2010年中国综合社会调查。

如表2.19所示,对中央政府环境保护工作评价较高的
人更有可能支持政府的环保政策。在认为政府片面注重经
济发展而忽视了环境保护工作、对环境保护工作重视不够
且环保投入不足或政府虽尽了努力但效果不佳的受访者
中,不到一半的人表示愿意(选项1和2)为了保护环境而支
付更高的价格;而在认为政府对环境保护工作尽了很大努
力且取得了一定成效或很大成效的受访者中,这一比例超
过一半。由此可见,政府只有以身作则,让公众感受到政府
推进环境保护工作的努力和决心,才能有效提升公众对政
府环保政策的支持。

表 2.19　对中央政府环境保护工作持不同评价者的政策
支持型环保参与行为的比较

对政府环境保护工作的评价	为了保护环境,您在多大程度上愿意支付更高的价格?				
	1. 非常愿意(%)	2. 比较愿意(%)	3. 既非愿意也非不愿意(%)	4. 不太愿意(%)	5. 非常不愿意(%)
片面注重经济发展,忽视了环境保护工作	8.46	35.77	23.46	25.00	7.31
重视不够,环保投入不足	7.65	37.48	21.41	25.43	8.03
虽尽了努力,但效果不佳	7.00	37.88	21.59	27.50	6.03
尽了很大努力,有一定成效	10.97	41.50	19.17	21.64	6.72
取得了很大的成绩	20.38	42.31	10.00	17.31	10.00

数据来源:2010 年中国综合社会调查。

（三）环境公民型参与

环境公民型参与指向更加积极的环境保护行动,包括加入环保团体、给环保团体捐款、对环境问题进行投诉等。笔者选用参加环境行动作为环境公民型环保参与行为的指标。CGSS2010 问卷询问受访者"为了解决您和您家庭遭遇的环境问题,您和家人采取任何行动了吗",选项包括"采取了行动""没有采取行动""试图采取行动,但不知道怎么办"和"没有遭遇什么环境问题"。结果显示:19.33%的受访者选择采取行动;43.58%的受访者没有采取行动;24.12%的受访者试图采取行动,但不知道怎么办;另外12.98％的受访者表示没有遭遇过环境问题。

表2.20展示了不同污染感知程度的受访者的环境公民型环保参与行为。总体而言,对污染感知程度严重的人更有可能采取相关行动。在认为中国面临非常严重的环境问题的受访者中,58.3％的人表示愿意(选项1和3)采取行动;在认为中国面临比较严重的环境问题的受访者中,47.12％的人表示愿意采取行动;而在认为中国面临的环境问题不太严重或根本不严重的受访者中,这个比例低于三成。在认为中国面临的环境问题非常严重或比较严重的受访者中,分别有28.06％和20.01％的人实际采取了行动;而在认为环境问题不太严重和根本不严重的受访者中,这个比例仅为15.01％和12.5％。

表2.20　不同污染感知程度者的环境公民型环保参与行为的比较

整体上看,您觉得中国面临的环境问题是否严重?	为了解决您和您家庭遭遇的环境问题,您和家人采取任何行动了吗?			
	1. 采取了行动(％)	2. 没有采取行动(％)	3. 试图采取行动,但不知道怎么办(％)	4. 没有遭遇什么环境问题(％)
非常严重	28.06	36.29	30.24	5.41
比较严重	20.01	44.93	27.11	7.95
既严重也不严重	12.53	49.35	18.02	20.10
不太严重	15.01	47.94	14.77	22.28
根本不严重	12.50	33.33	12.50	41.67

数据来源:2010年中国综合社会调查。

由表 2.20 及相关分析可见,公众对环境污染的感知是引发环境行动的一个重要动因。在一些情况下,污染损害已经发生,公众本身是污染的受害者,采取行动的目的是改变现状或寻求经济赔偿。在另一些情况下,污染损害尚未发生,公众采取环境行动是为了防患于未然,阻止可能发生的环境或健康损害。无论是哪一种情况,污染已不仅仅是一个环境问题,同时正在成为一个不容忽视的社会问题。

是否具有亲环境价值观与环境行动之间关系密切。表 2.21 展示了不同环境关心水平的受访者的环境公民型环保参与行为。总体而言,环境关心水平较高的人更有可能为了保护环境而采取行动。在环境关心水平得分低于 55 分的受访者中,不到一半的人表示有采取行动的意愿(选项 1 和 3);而在环境关心水平得分等于或高于 55 分的受访者中,这个比例超过一半。

表 2.21　不同环境关心水平者的环境公民型环保参与行为的比较

环境关心水平得分	为了解决您和您家庭遭遇的环境问题,您和家人采取任何行动了吗?			
	1. 采取了行动(%)	2. 没有采取行动(%)	3. 试图采取行动,但不知道怎么办(%)	4. 没有遭遇什么环境问题(%)
45 分以下	18.18	49.73	18.18	13.90
45—54 分	19.70	46.82	24.58	8.90
55—64 分	23.44	38.62	31.98	5.96
65 分及以上	26.14	31.82	35.80	6.25

数据来源:2010 年中国综合社会调查。

如表 2.21 所示,在实际采取了行动的受访者中,环境关心水平得分在 45 分以下的受访者比例为 18.18%,45—54 分的受访者比例为 19.7%,55—64 分的受访者比例为 23.44%,65 分及以上的受访者比例为 26.14%。

如表 2.22 所示,对中央政府环境保护工作评价较高的人更有可能采取环境行动。一个可能的解释是,对政府环境保护工作评价较高的人通常对政府更具信心,参与效能感也较高,因而更有可能采取行动。在认为政府片面注重经济发展而忽视了环境保护工作、对环境保护工作重视不

表 2.22 对中央政府环境保护工作不同评价者的环境公民型环保参与行为的比较

对政府环境保护工作的评价	为了解决您和您家庭遭遇的环境问题,您和家人采取任何行动了吗?			
	1. 采取了行动(%)	2. 没有采取行动(%)	3. 试图采取行动,但不知道怎么办(%)	4. 没有遭遇什么环境问题(%)
片面注重经济发展,忽视了环境保护工作	15.50	51.29	27.68	5.54
重视不够,环保投入不足	18.65	45.52	29.25	6.58
虽尽了努力,但效果不佳	18.27	43.70	31.10	6.94
尽了很大努力,有一定成效	23.45	41.06	22.71	12.79
取得了很大的成绩	26.49	38.41	17.88	17.22

数据来源:2010 年中国综合社会调查。

够且环保投入不足或政府虽尽了努力但效果不佳的受访者中，不到五分之一的受访者表示为解决环境问题而采取了行动；而在认为政府对环境保护工作尽了很大努力且取得了一定成效或很大成效的受访者中，这个比例约为四分之一。

五、公众的环境意识与环保行为的兴起

综上所述，我们可以看到公众对环境问题的关注度在不断提升。一方面，四十多年的改革开放基本解决了人们的温饱问题，公众对生活质量的要求也随之提高；另一方面，环境状况的恶化对居民生活与健康的负面影响逐渐凸显，人们对空气污染、水污染、生活垃圾处理等问题感受强烈。与此同时，公众持有的环境价值观也在发生变化。这种变化与人们的经济社会地位密切相关。① 此外，年轻人的

---

① Gelissen，J.，"Explaining popular support for environmental protection：A multilevel analysis of 50 nations"，*Environment and Behavior*，2007，39（3），pp. 392 - 415；Franzen，A. & Meyer，R.，"Environmental attitudes in cross-national perspective：A multilevel analysis of the ISSP 1993 and 2000"，*European Sociological Review*，2010，26（2），pp. 219 - 234；Shen，J. & Saijo，T.，"Reexamining the relations between socio-demographic characteristics and individual environmental concern：Evidence from Shanghai data"，*Journal of Environmental Psychology*，2008，28（1），pp. 42 - 50；Meyer，R. & Liebe，U.，"Are the affluent prepared to pay for the planet? Explaining willingness to pay for public and quasi-private environmental goods in Switzerland"，*Population and Environment*，2010，32（1），pp. 42 - 65.

环境关心水平相对更高,这既源于代际观念的变化,又与信息获取能力密切相关。年轻人更善于运用互联网,在网上冲浪的过程中可能会接触到与环境相关的信息,从而培育出对环境问题的关心。① 从这个意义上说,互联网的普及拓宽了亲环境价值观采纳的方式和渠道。除了传统教育和书籍阅读之外,人们还能通过网页浏览、科普视频、网络讨论等途径获取环境保护方面的知识和信息,从而推动环保理念的扩散。②

　　公众环境意识的提升与地方发展模式之间的矛盾日益显著。考虑到 GDP 对地方官员政绩和晋升的重要性,地方官员将经济发展作为首要发展目标,对其他治理目标却缺乏应有的关注。环境保护与经济发展之间的张力进一步加剧了环境政策实施的难度。这种状况导致公众对政府环境保护工作的评价偏低。如表 2.9 所示,54.92％的受访者认为中央政府对环境保护工作重视不够或治理效果不佳,68.23％的受访者认为地方政府对环境保护工作重视不够或治理效果不佳。对政府环境保护工作的评价可能会影响公众选择环保参与的方式。由于不信任政府环境保护的意

---

① Bailard, C., "Testing the internet's effect on democratic satisfaction: A multi-methodological, cross-national approach", *Journal of Information Technology & Politics*, 2012, 9(2), pp. 185-204.

② Zhao X., "Media use and global warming perceptions: A snapshot of the reinforcing spirals", *Communication Research*, 2009, 36(5), pp. 698-723.

愿和能力，公众倾向于采用体制外的、更趋对立的方式表达自身的环保诉求。这也从一定程度上解释了为何近年来由环境问题引发的集体行动呈现快速增长的态势。

公众环保参与对实现环境治理目标而言至关重要。行政权力主导的环境治理模式在实践中暴露出诸多弊端。[①] 以 GDP 为核心的考核模式使地方政府将经济发展作为第一要务，在一些情况下甚至为了经济发展而降低环境保护门槛。地方环保部门既受到地方政府的制约，也面临人员、设备、经费等方面的短缺，在环境保护中作用有限。而中央发起的环保督察等专项行动又难以避免运动式治理的固有缺陷。这意味着环境保护并不是单靠政府就可以完成的任务，而是需要每个公民的参与和监督。调查显示，中国公众有较高的环境保护意愿，但真正采取环保行为的比例则相对较低。也就是说，公众环境保护的意愿和行为之

---

① 冉冉：《"压力型体制"下的政治激励与地方环境治理》，《经济社会体制比较》2013 年第 3 期；孙伟增、罗党论、郑思齐、万广华：《环保考核、地方官员晋升与环境治理——基于 2004—2009 年中国 86 个重点城市的经验证据》，《清华大学学报》(哲学社会科学版)2014 年第 4 期；于文超、何勤英：《辖区经济增长绩效与环境污染事故——基于官员政绩诉求的视角》，《世界经济文汇》2013 年第 2 期；梁平汉、高楠：《人事变更、法制环境和地方环境污染》，《管理世界》2014 年第 6 期；李智超、刘少丹、杨帆：《环保督察、政商关系与空气污染治理效果——基于中央环保督察的准实验研究》，《公共管理评论》2021 年第 4 期；蒋亦晴、孙小逸：《城市中小企业如何应对运动式治理：以 S 市 J 区环保政策执行为例》，唐亚林、陈水生主编：《人民城市论》("复旦城市治理评论"第 7 辑)，复旦大学出版社 2021 年版，第 168—188 页。

间仍存在较大的落差。有接近一半的公众表示,即使花费更多的钱和时间也要做对环境有利的事(见表 2.10),但当被问到"为了解决您和您家庭遭遇的环境问题,您和家人采取任何行动了吗?"这个问题时,只有不到五分之一的受访者表示采取了行动。这可能是因为公众虽然意识到环境保护的重要性,但并不清楚应当如何参与其中,或者觉得自己的参与行为并不能产生什么效用。如表 2.10 所示,42.09%的受访者觉得自己"很难为环境保护做什么",还有 66.89%的受访者认为"除非大家都做,否则我保护环境的努力就没有意义"。由此可见,公众环境保护意愿向行为的转化可能还需要一些外部的推动力。

环保参与行为包括多种不同的类型,公众对不同类型环保行为的参与情况存在差异。结合表 2.12 和表 2.13 可知,公众对个人生活领域的环保行为的参与度较高。接近一半的受访者表示会节约用水或对水进行再利用,超过三成的受访者表示会减少能耗或对生活垃圾进行回收利用。此外,还有超过两成的受访者表示会进行绿色消费。与之相对,公众对公益领域的环保行为的参与度较低。超过九成的受访者从来没有就某个环境问题签署过请愿书,也没有给环保团体捐过钱。为了增进对不同类型的环保参与行为的理解,笔者区分了个人生活型、政策支持型和环境公民型三类环保参与行为,并考察了污染感知、环境关心水平和对政府环境保护工作的评价三个变量与不同类型环保参与行为之间的关系。结果显示,污染感知程度和环境关心水平对个人生活型和环境公民型环保参与行为有明显的影响。这可能是因为个人生活型参与和环境公民型参与都属于主动、积极的参与行为，主要受内在动力驱使。对政府环境保护工作的评价对政策支持型环保参与行为有明显的影响。这可能是因为政策支持型参与属于相对被动的参与行为，参与与否主要取决于公众对政府的满意度与信任度。

结合以上分析，政府可以从三个方面回应公众对环境与生活质量的殷切期待，鼓励并推动公众更积极地参与环境保护。

首先，树立绿色发展理念，进一步提升环境保护工作的重要性。自从党的十八大报告将生态文明建设纳入中国特色社会主义建设"五位一体"总体布局以来，生态与环境保护已成为国家的重要发展战略。建设生态文明意味着生产方式与生活方式的根本改变，在此过程中如何处理经济发展与环境保护的关系、探索一条绿色发展道路是各级政府面临的一个新任务。政府要确立在生态与环境治理中的主体责任，加大环境保护的投入，督促并帮助污染企业进行绿色转型，着力改善空气污染、水污染等公众普遍关切的问题，营造清洁、优美的人居环境。同时，加强对政府环境保护举措及相关成效的宣传，通过对传统媒体与新媒体的综合运用，使公众看到政府为污染防治付出的努力，提升公众对政府环境保护工作的信心。

其次，开展各类环境保护活动，为公众参与环境保护提供更多的机会和平台,推动公众的环境保护意愿向行为转化。政府或社会团体既可以加强环境知识方面的科普宣传,也可以组织公众参与环保实践活动,在实践中增强公众环保参与的效能感。比如,湖南民间环保组织"绿色潇湘"从2011年开始启动河流守望行动,通过知识分享、实地探访等活动让本地居民亲身了解与感受母亲河,鼓励居民及时监督并反馈河流污染情况,弥补了中国河流保护过程中公众参与不足的问题。截至2020年,已有5万余名志愿者参与其中。河流守望行动不仅促进了环境意识的培育,使人们感受到环境保护的重要性与紧迫性,同时还将志同道合的人聚集在一起,建立了志愿者之间的社会网络,使人们感觉到陪伴和力量。①

最后,借助信息通信技术开拓公众参与环境保护的新渠道。微博、微信、环保应用小程序等新媒体工具的出现降低了公众参与的成本,激发了公众参与的热情,使大规模、实时的公众参与成为可能。在技术赋能的背景下,政府可以通过新媒体工具的开发和利用推动公众参与环境保护事务。比如,2016年,住房和城乡建设部和环境保护部(现生态环境部)联合推出"城市水环境公众参与"微信举报平台,鼓励公众提供黑臭水体线索。微信举报平台的应用不仅为政府部门提供了大量黑臭水体信息,推动了水环境治理工

---

① 《"河"你一起,守望下一个十年》(2020年9月18日),搜狐网,https://www.sohu.com/a/419192102_120069222,最后浏览日期:2022年8月24日。

作的顺利开展,同时还让公众切身感受到黑臭水体治理的进展,提升了公众的参与感与效能感,由此开启了全民治水新局面。①

---

① 《关注！黑臭水体整治开启全民治水新局面》(2022 年 7 月 14 日),澎湃网,https://www.thepaper.cn/newsDetail_forward_19014261,最后浏览日期:2022 年 8 月 24 日。

第三章
空间意义建构与环境行动 *

垃圾焚烧厂、化工厂等污染性设施的运营会给当地社区带来环境与健康风险,因而往往不受社区居民欢迎,这种情况也被称为邻避效应。邻避效应是由多重因素混合而成的。[①] 首

---

* 本章部分内容来自 Sun, X. & Huang, R. , "Spatial meaning-making and urban activism: Two tales of anti-PX protests in urban China", *Journal of Urban Affairs*, 2020, 42(2), pp. 257-277。收入本书时有修订。

① Michaud, K. , Carlisle, J. & Smith, E. , "Nimbyism vs. environmentalism in attitudes toward energy development", *Environmental Politics*, 2008, 17(1), pp. 20-39; Johnson T. , "Environmentalism and NIMBYism in China: Promoting a rules-based approach to public participation", *Environmental Politics*, 2010, 19(3), pp. 430-448; Lu, J. & Chan, K. , "Collective identity, framing, and mobilization of environmental protest in urban China: A case study of Qidong's protest", *China: An International Journal*, 2016, 14, pp. 102-122.

先,居民的不欢迎态度主要是出于对污染性设施可能带来环境与健康风险的担忧。环境风险具有高度不确定性,其严重程度与影响范围很大程度上依赖于人们的主观感知。其次,环境风险并非肉眼可见,而是涉及复杂的科学论证,这就使专家在环境风险判定中的作用变得至关重要。专家主要根据严重程度与发生概率对风险进行评估,考察的是风险的实际危害;公众对风险的感知则掺杂了更多情绪化因素,包括恐惧、愤怒等。这就导致了专家的风险评估与公众的风险感知间的落差。再次,地域观念是邻避效应中的一个核心要素。污染性设施通常有一个特定的影响范围,具体而言:距离越近,污染影响越大;随着距离变远,污染影响也随之减弱。由此推断,离污染性设施选址越近的居民的不欢迎程度越强烈,离选址越远的居民的不欢迎程度就越弱。从这个意义上说,空间与地理因素在邻避事件中起关键性作用。基于此,本章结合风险感知、框架化与城市空间等理论视角,探究中国环境行动的意义建构过程。

一、风险感知的心理与文化视角

从 20 世纪 50 年代开始,环境污染、核泄漏、疯牛病等事件引发了人们对风险问题的关注。1986 年,德国社会学家乌尔里希·贝克出版了《风险社会》一书,开启了关于风险社会的讨论。贝克认为,现代化进程正在经历从工业社会向风险社会的转变。这种转变受到两股动力的影响。一方面,随着生产力的提高及福利保障制度的完善,基本物质需要已在很大程度上被满足;另一方面,技术的快速进步与生产力的指数式增长使其"潜在的副作用"——风险——被不断放大,成为人类社会不得不面对的一个主要问题。与大自然施加的传统意义上的风险不同,现代化的风险是现代化发展自身所导致的副作用的显现。比如,农药、化肥的使用在提高粮食产量、解决饥饿问题的同时,不仅会对人体健康造成损害,而且还会降低土壤肥力,造成现代农业生产的恶性循环。再如,核设施的建设有助于纾解能源困境,但其隐含的极具破坏力的、不可逆的风险对人类社会构成了巨大的威胁。随着现代化正在成为它自身的问题,人们对技术-经济的发展也变得具有反思性:我们应当如何避免或减弱现代化的风险? 如何对这些风险进行分配? 如何限制和疏导这些风险,使其既不妨碍现代化进程,又不超过人们可以容忍的界限?①

　　现代化的风险是由化学、生物、核能等技术进步衍生而来的,往往超越人们的直观感知。比如,食用的蔬菜中是否含有农药或者入住的新房中是否含有甲醛、农药或甲醛的浓度有多高、这个浓度是否会对人体产生短期或长期的有害作用等问题都超出人们的日常经验和知识范围。由于无法评判与自己切身相关的风险的程度、范围与征兆,人们只能求助于科学论证,比如,有机食品的认证标志或者甲醛测试的权威报告。然而,科学理性在面对风险问

---

① ［德］乌尔里希·贝克:《风险社会》,何博闻译,译林出版社2004年版,第16页。

题时却表现出种种局限性。首先是关于风险的评估与推论。目前的风险评估是基于在实验室进行的动物实验，然而，从短时间、高剂量暴露的动物实验向长时期、低剂量累积的人类影响的推论过程仍面临诸多困境。[①] 一项关于杀虫剂的研究显示，基于同样的实验数据，不同的推论模型得出了截然不同的风险评估结果：有些结果显示杀虫剂不存在致癌风险，另一些则认为杀虫剂对人体有显著的健康影响。[②] 此外，科学实验通常是针对单一的、特定类型的污染物质进行风险评估与推断。然而在现实生活中，由于疾病的发生通常有许多可能的原因，而人们又同时暴露于多种不同类型的污染之中，污染与疾病之间因果关系的建立往往非常困难。

既然作为工业化发展副作用的风险不可避免，当今社会对此的解决方案就是设定相应的"可接受水平"，即，有毒物质不超过某个摄入量就被认为是安全的。从可接受的原则出发，专家对风险进行评估和预测并据此提出相应的污染标准，政府部门则根据这个标准对工业企业实施审批和监管。从这个意义上说，可接受的值的设定"是一个跨越了制度和体系界限，跨越了政治的、部门的和产业的界限的合

---

① Boroush, M., *Understanding risk analysis: A short guide for health, safety, and environmental policy making* (internet edition), American Chemical Society, 1998.

② Paustenbach, D., "Retrospective on U. S. health risk assessment: How others can benefit", *Risk*, 1995, 6, pp. 283-332.

作生产的问题"①。然而问题在于，"可接受水平"不仅是一个技术问题，同时也是一个价值问题：多大的风险概率是可以被接受的？多少的污染程度能确保对人体没有伤害？对科学家而言，这只是根据实验数据和方程式得出的一系列概率系数；对公众而言，这种概率落到自己身上就是百分之百的伤害。在很多情况下，风险规避逻辑与经济发展逻辑之间存在张力，对可接受的风险值的设定实际上意味着，为了经济社会发展的需要，人们能够容忍多大程度的污染与伤害。

现代社会的专业分工模式使人们对风险后果的问责变得极为困难。高度专业化的机构在系统上相互依赖，很难将风险发生的原因及其责任对象分离出来。下面以化肥使用为例予以说明。众所周知，过量的化肥使用会对土壤造成污染，那么谁是造成土壤污染的罪魁祸首呢？最直接的对象可能是农民。然而，农民只是整个农业生产链的末端，将所有的污染责任加在他们身上未免过于苛责。况且，农民使用的化肥都是通过市场购买的，政府并未限制或禁止这些有毒化学品的销售，反而持续给这类产品发放各类许可证。对政府而言，这些化肥都是经过专家检验的，其污染程度处于科学限定的可接受范围之内。面临人口增长、粮食短缺、国际竞争等多重压力，政府不得不鼓励通过化肥的使用来提高农作物的产量。在这种情况下，风险的产生是

①　［德］乌尔里希·贝克：《风险社会》，何博闻译，译林出版社2004年版，第77页。

总体共谋的结果，生产链上的每个环节都参与其中，但谁也不用对此负责，从而形成了贝克所说的"组织化不负责任"。①

这些局限打破了风险定义中科学对理性的垄断。面临科学的、进步的、可计算的技术发展带来的威胁与伤害，公众开始反思这些技术所带来的副作用，包括副作用产生的原因，背后的权力与制度逻辑，以及可能造成的政治、社会与经济后果等，这种反思往往来自个体的生活经验。在此背景下，关于风险是怎么产生的、风险有多严重、什么样的风险是可接受的、应当如何对风险进行分配等问题变得具有竞争性。② 政治家与专家共同体所坚称的科学理性遭遇公众所秉持的社会理性的冲击。"在两个阵营中，十分不同的东西占据了关注的中心位置，十分不同的东西被看作变化的或不变的。在一个阵营中，对变化的关注重点在于生产的工业模式；在另一个阵营中，在于事故可能性在技术上的可管理性。"③

如果说贝克主要从制度主义的角度考察现代化进程所导致的客观风险的系统性增长，那么心理与文化学派则将风险视为一种社会建构，认为风险并没有增长，只是被觉察

---

① ［德］乌尔里希·贝克：《风险社会》，何博闻译，译林出版社2004年版，第33—34页。

② 郭巍青、陈晓运：《风险社会的环境异议——以广州市民反对垃圾焚烧厂建设为例》，《公共行政评论》2011年第1期。

③ ［德］乌尔里希·贝克：《风险社会》，何博闻译，译林出版社2004年版，第31页。

到的风险增加了。① 由于现代化的风险往往超出直观感知的范畴,公众又缺乏与风险相关的专业知识,因而倾向于从文化背景与日常体验出发对风险进行主观建构。生活水平的提高、风险意识的增强与媒体的传播与渲染都会影响人们的风险感知,使人们觉得当前比过去面临更多的风险,而未来风险的量级还会持续上升。② 风险认知的主观建构倾向导致不同的社会群体对风险的定义存在显著分歧。研究表明,权威机构判定危害程度高的风险与引发公众广泛焦虑的风险之间并不存在相关性。也就是说,那些使大多数人焦虑不安的风险并不会造成严重的危害,而那些真正导致严重危害的风险反而没有引发公众的关注。③

　　风险感知研究主要受到两大理论学派的影响:以保罗·斯洛维奇(Paul Slovic)为代表人物的心理测量学派和以玛丽·道格拉斯(Mary Douglas)为代表人物的文化理论学派。心理测量学派从个体心理的角度出发,强调个体的直观判断和主观感受对认知的影响,包括恐惧、愤怒、焦虑、可掌控感等。文化理论学派从文化建构的角度出发,强调

① Douglas, M. & Wildavsky, A., *Risk and culture: an essay on the selection of technological and environmental dangers*, University of California Press, 1982.

② Slovic, P., "Perception of risk", *Science*, 1987, 236, pp. 280-285.

③ Sandman, P., *Responding to community outrage: Strategies for effective risk communication*, American Industrial Hygiene Association, 1993.

世界观、礼仪习俗、道德规范、社会规则等要素对风险感知的影响。① 随着研究的深入，这两大理论学派之间显现出交叉融合的趋势：一方面，心理学家发现人们对风险的感知和对灾难的反应是由多种因素决定的，其中文化与社会因素是重要的解释变量；另一方面，社会学家则更加强调风险的现实性，并将个人主义的解释纳入风险感知的解释框架。②

心理测量学派主要采用调查问卷法考察人们的心理特征对其风险感知的影响。保罗·斯洛维奇运用因子分析法提出了理解风险感知的两组因子：恐惧风险和未知风险(见图 3.1)。这两组因子都是由一系列风险特征组合而成的。恐惧风险因子包括感觉失去控制、恐惧、潜在灾难、致命后果等特征。核武器与核设施是这一类风险的典型代表。未知风险因子包括不可观察的、不可知的、新的、危害影响延迟等特征。化学技术是这一类风险的典型代表。③ 斯洛维奇的研究发现，恐惧风险是影响人们风险感知的主要因素，即，人们对恐惧风险的感知越强，就越想要降低这类风险，因而也就越倾向于对这类风险采取严厉的管制措施。这与

---

① 黄剑波、熊畅：《玛丽·道格拉斯的风险研究及其理论脉络》，《思想战线》2019 年第 4 期。

② 王锋：《当代风险感知理论研究：流派、趋势与论争》，《北京航空航天大学学报》(社会科学版)2013 年第 3 期；胡象明、王锋：《一个新的社会稳定风险评估分析框架：风险感知的视角》，《中国行政管理》2014 年第 4 期。

③ Slovic，P.，"Perception of risk"，*Science*，1987，236，pp. 280-285.

专家的风险认知截然不同。专家并不受这些风险特征的影响，而是根据预计年死亡率等指标来判断风险的严重程度。①

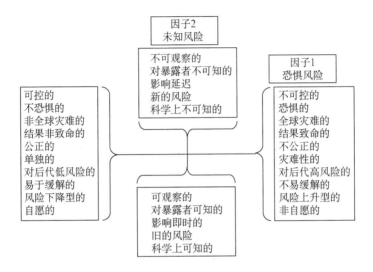

图 3.1　影响风险感知的两组因子

资料来源：Slovic, P., "Perception of Risk", *Science*, 1987, 236, p. 282。

文化理论学派认为，风险感知是文化与社会建构的产物。作为风险文化理论的代表人物，玛丽·道格拉斯认为，特定的社会关系模式会产生特定的看待世界的方式。为了分析和比较不同的社会文化与风险感知之间的关系，道格拉斯建构了网格与群体类型学。网格是指对等级体系和规

———————

① Slovic, P., "Perception of risk", *Science*, 1987, 236, pp. 280-285.

章制度的接受程度,群体是指对团体凝聚力的认同程度。根据这两个维度,道格拉斯提出四种社会类型。一是弱网弱群型,即企业家群体,这个群体崇尚市场竞争和机会公平,愿意用风险换取收益。二是强网弱群型,即原子化个人,这个群体相信运气,认为风险并非由个人掌控。三是弱网强群型,即平等主义者,这个群体对权威和专家持怀疑态度,致力于降低由制度产生的风险。四是强网强群型,即官僚群体,这个群体尊重权威,认为只要有相应的制度和程序进行规范,风险是可以接受的(见图3.2)。①

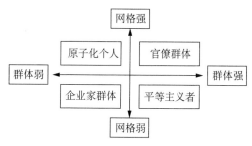

图3.2　网格-群体分类

资料来源:Douglas, M. , *Natural symbols: Explorations in cosmology*, Routledge, 2003, p. 64。

从污染性设施选址的实践来看,不同社会群体对风险的感知存在巨大差异是因为他们看待风险的角度不同。著名的风险沟通专家皮特·桑德曼(Peter Sandman)指出,专

———————

① Douglas, M. , *Natural symbols: explorations in cosmology*, Routledge, 2003;黄剑波、熊畅:《玛丽·道格拉斯的风险研究及其理论脉络》,《思想战线》2019 年第 4 期。

家通常聚焦于风险的危害,其常用的计算方式是风险的严重程度乘以风险发生的概率。而公众的关注点则在于愤怒,即,专家所忽略的但又确实引发人们焦虑的那些事件和情绪。公众对于危害关注太少而专家对于愤怒关注太少导致双方在风险感知上的分歧。① 从这个意义上来说,风险感知研究有助于改变技术主导的政策倾向,将公众感知纳入风险评估与决策体系。然而,风险社会与公众感知研究的一大局限在于,不能解释为何在面对类似的环境或健康风险的情况下,不同地区、城市或社区居民的感知存在显著的差异。下面,本章借鉴空间、场域与城市运动等方面的文献探究空间特质及其意义建构对风险感知的影响。

二、空间、场域与城市运动

城市社会运动的概念最早是由曼纽尔·卡斯特(Manuel Castells)在 20 世纪 70 年代提出的。卡斯特认为,发达资本主义社会的城市是劳动力再生产的空间,国家进行干预以提供劳动力再生产所必需的"集体消费"空间。然而矛盾的是,国家干预成了社会不满的来源与城市运动的起因。② 换言之,城市运动是系统性矛盾的表现并有可能带

---

① Sandman，P.，*Responding to community outrage: Strategies for effective risk communication*，American Industrial Hygiene Association，2012.

② Castells，M.，*The urban question: A Marxist approach*，Edward Arnold，1977.

来结构性变化。在后续的研究中,卡斯特扩大了城市运动的范围,将围绕集体消费、地域文化认同、地方自治等方面的集体行动都容纳进来。[1] 城市运动引发结构性变革的能力被弱化,卡斯特将更多的注意力集中于对制度化的城市意义进行改革的能力。对改革效应与地方特质的强调导致了城市运动研究与社会运动研究的分离。[2]

近年来,城市研究学者致力于促进城市运动和社会运动研究之间的对话。研究指出,城市在促进一般社会运动中发挥基础性作用,因为大而复杂的城市系统有助于铸造强弱关系,使各种资源可用于不同空间范围的动员活动。[3] 城市的战略意义源于其所扮演的社会关系孵化、社会与象征性权力集中化等角色。[4] 这些理论虽然富有见地,但倾向于将城市特质等同于网络,从而限制了其理论解释力。

---

[1] Castells, M., *The city and the grassroots: A cross-cultural theory of urban social movements*, Edward Arnold, 1983.

[2] Nicholls, W., "The urban question revisited: The importance of cities for social movements", International *Journal of Urban and Regional Research*, 2008, 32, pp. 841-859; Pickvance, C., "From urban social movements to urban movements: A review and introduction to a symposium on urban movements", *International Journal of Urban and Regional Research*, 2003, 27(2), pp. 102-109.

[3] Nicholls, W., "The urban question revisited: The importance of cities for social movements", *International Journal of Urban and Regional Research*, 2008, 32, pp. 841-859.

[4] Uitermark, J., Nicholls, W. & Loopmans, M., "Cities and social movements: Theorizing beyond the right to the city", *Environment and Planning A*, 2012, 44, pp. 2546-2554.

现实中的城市运动并不总是通过社交网络或社会组织进行动员的。[1] 相反,笔者认为应将城市运动视为植根于日常生活并与更广泛的政治环境相关联的意义建构过程。城市运动的情境性与偶然性意味着有必要规避关于城市或社会运动所固有的内在特质假设,从地点-事件关系视角出发,情境化地分析城市作为一个资源空间是如何为参与者所用的。[2]

跨学科对话在一定程度上促成了社会运动研究的空间转向。越来越多的研究试图揭示空间对社会运动的发生、过程与结果的促进或限制作用。[3] 尽管如此,社会运动的地

---

[1] Bruun, O., "Social movements, competing rationalities and trigger events: The complexity of Chinese popular mobilizations", *Anthropological Theory*, 2013, 13, pp. 240-266; Huang, R. & Sun, X., "Dynamic preference revelation and expression of personal frames: How weibo is used in an antinuclear protest in China", *Chinese Journal of Communication*, 2016, 9, pp. 385-402.

[2] Allegra, M., Bono, I., Rokem, J., Casaglia, A., Marzorati, R. & Yacobi, H., "Rethinking cities in contentious times: The mobilisation of urban dissent in the 'Arab Spring'", *Urban Studies*, 2013, 50, pp. 1675-1688.

[3] Zhao, D., "Ecologies of social movements: Student mobilization during the 1989 prodemocracy movement in Beijing", *American Journal of Sociology*, 1998, 103, pp. 1493-1529; Gould, R., "Multiple networks and mobilization in the Paris commune, 1871", *American Sociological Review*, 1991, 56, pp. 716-729; McAdam, D. & Boudet, H., *Putting social movements in their place: Explaining opposition to energy projects in the United States, 2000-2005*, Cambridge University Press, 2012, p. 202; Said, A., "We ought to be here: Historicizing space and mobilization in Tahrir Square", *International Sociology*, 2015, 30, pp. 348-366.

理面向并未得到学界的充分重视，且该领域关于空间的概念化也各不相同。查尔斯·蒂利(Charles Tilly)在一篇综述文章中总结了空间的五个维度，包括建筑环境的空间架构、空间邻近与惯例、权力的空间组织、象征性意义以及由政治和日常生活所赋予的空间的政治意义。① 威廉·休厄尔(William Sewell)还指出了多个与空间相关的概念，包括位置与空间分化、空间与共存、时间距离、建筑环境、空间惯例、空间意义、空间尺度及权力的空间性。② 哈维尔·奥耶罗(Javier Auyero)在最近一篇综述文章中总结了关于空间、场域与社会运动的四种研究视角：作为社会关系库的空间；促进或制约城市运动的建筑环境；塑造城市行动发展的日常生活的空间惯例；作为意义场域的空间。③

在城市研究领域，空间和场域被视为城市行动的一部分。其中最具影响力的当属亨利·列斐伏尔(Henry Lefebvre)提出的空间生产理论，该理论系统阐述了空间是如何被社会化地生产出来的。④ 空间生产理论提出了包括

---

① Tilly, C. , "Spaces of contention", *Mobilization: An International Quarterly*, 2000, 5(2), pp. 135-159.

② Sewell, J. , "Space in contentious politics", in R. Aminzade, J. Goldstone, D. McAdam, E. Perry, W. Sewell, S. Tarrow & C. Tilley (eds.), *Silence and voice in the study of contentious politics*, Cambridge University Press, 2001.

③ Auyero, J. , "Spaces and places as sites and objects of politics", in R. Goodin & C. Tilly (eds.), *The Oxford handbook of contextual political analysis*, Oxford University Press, 2006.

④ Lefebvre, H. , *The production of space*, Blackwell, 1991.

空间实践(感知空间)、空间的表征(构想空间)与表征的空间(生活空间)在内的三元空间分析框架,辩证地将物理空间、感知空间与社会空间联系在一起。空间实践体现了日常惯习与物质空间之间的联系,空间的表征是与科学知识和技术专长相关的抽象空间,这两者是面向交换价值的统治性空间。表征的空间则是与符号、图像等相关的生活空间,是面向使用价值的被统治空间,与空间的表征之间存在张力。由此可见,空间的生产是一个充满矛盾的过程,其内在矛盾导致了关于空间利用的争论。基于列斐伏尔的三元空间理论,乔尔·斯蒂尔曼(Joel Stillerman)论述了由抽象空间的推进引发的街头摊贩的抵制行动。摊贩们通过建立空间惯例、场域意义与尺度跳跃等方式竭力保卫和重建其生活空间。[①] 虽然有争议的空间使用是城市行动的重要来源,但对空间的争论是一个复杂的过程,不应仅仅将其视为对系统性的统治空间的抵制。此外,与表征空间相关的符号和图像是如何产生的,以及空间的生产如何形塑框架化与城市行动等问题仍有待进一步阐释。

场域是一系列地理位置、物质形式、内嵌意义与价值的集合体。这样的定义避免了"地理拜物教和环境决定论"和"无约束的社会建构主义"两种倾向。[②] 保罗·劳特利奇

---

① Stillerman, J., "The politics of space and culture in Santiago, Chile's street markets", *Qualitative Sociology*, 2006, 29, pp. 507-530.

② Gieryn, T., "A space for place in sociology", *Annual Review of Sociology*, 2000, 26, p. 466.

(Paul Routledge)从地点、位置和地方感三方面对场域进行定义：地点指日常社会互动和社会关系发生的场景；位置指地理区域；地方感指居民对地理区域的主观认知。① 一项关于大型设施选址的城市行动研究借鉴了列斐伏尔的三元空间理论与劳特利奇关于场域的三重定义来分析空间与身份建构之间的互动关系，发现动员过程不仅改变了土地用途，同时还重塑了空间及其意义。②

然而，目前关于空间、场域与社会运动关系的研究仍显不足。正如休厄尔指出的那样："大多数研究只是偶然地考虑到空间要素……除了极少数的例外，现有文献主要将空间视为既有背景，而非社会运动的组成部分"。③ 拜伦·米勒(Byron Miller)也发现社会运动中地理因素的重要性被忽视，人文地理与社会运动研究之间的对话存在阻碍。④ 沃

① Routledge, P., "Backstreets, barricades, and blackouts: Urban terrains of resistance in Nepal", *Environment and Planning D: Society and Space*, 1994, 12(5), pp. 559-578.

② Della Porta, D., & Fabbri, M., "Producing space in action: The protest campaign against the construction of the Dal Molin military base", *Social Movement Studies*, 2016, 15(2), pp. 180-196.

③ Sewell, J., "Space in contentious politics", in R. Aminzade, J. Goldstone, D. McAdam, E. Perry, W. Sewell, S. Tarrow & C. Tilley (eds.), *Silence and voice in the study of contentious politics*, Cambridge University Press, 2001, p. 51.

④ Miller, B., *Geography and social movements: Comparing antinuclear activism in the Boston area*, University of Minnesota Press, 2000.

尔特・尼科尔斯(Walter Nicholls)认为,地理学家对社会运动的研究明显滞后,呼吁地理学家更多地关注社会运动的社会、政治过程中的地理因素影响。① 以上观点表明,为加深对社会运动的空间维度的理解,有必要将地理学的空间和场域理论融入社会运动分析。

　　对社会学家特别是社会运动研究者而言,空间理论与社会运动理论结合的关键在于将空间/场域视为具有能动性的角色,而不仅是经济社会地位或人口统计学等传统解释变量的一种映射。否则的话,将空间概念引入实证研究,或者会导致空间与社会政治结构的混淆,或者会将空间概念简化为物理环境,从而削弱空间理论的解释力。避免这些问题的一种路径是:将空间视为由物质空间和意义建构所组成的二元结构。一项对香港城市运动的研究表明,对空间的争夺与反权威话语的形成是相互交织的:一方面,关于象征性地标过去与现在所蕴含的意义的争论导致了新话语的出现;另一方面,这些新话语体现在物质空间与参与者的空间实践之中。② 总而言之,空间/场域是在竞争过程中被社会化地生产出来的,这个过程改变了空间/场域的社会意义,而这些意义又与物理环境和空间实践相融合。

---

①　Nicholls, W., "The geographies of social movements", *Geography Compass*, 2007, 1, pp. 607-622.

②　Shuk, A. & Ku, M., "Remaking places and fashioning an opposition discourse: Struggle over the Star Ferry pier and the Queen's pier in Hong Kong", *Environment and Planning D: Society and Space*, 2012, 30(1), pp. 5-22.

　　中国城市运动嵌入居民的日常生活之中，通常呈现自发性、无组织、快起快落等特征。相比于社交网络和社会组织，互联网与社交媒体能迅速实现框架聚合和行动协调，因而在集体行动中起到更为重要的动员作用。① 在此背景下，集体行动的意义建构很大程度上取决于个人化经历和认知，而城市空间所蕴含的文化资源则是这种经历和认知的主要来源。地点-事件关系视角将注意力从对城市行动基本特点的分析转向对特定城市情境下意义建构实践的分析。为了进一步阐释地点-事件关系，笔者借用空间理论视角，将城市视为一种二元结构：城市不仅为居民提供了物理空间及相应的空间感知，还为空间意义建构提供了过往的社会空间记忆。这种概念化方式不仅避免了将空间作为传统解释变量的映射，也有助于推进城市运动理论与框架化理论的整合。

　　为实现动员目标，集体行动框架需要突出普遍存在的问题、可能的解决方案以及行动指南。② 狄波拉·马丁（Deborah Martin）对邻里运动的研究表明，物理空间是地方性框架的重要组成部分。社会运动组织将社区物理特质与

① Huang，R. & Sun，X.，"Dynamic preference revelation and expression of personal frames：How weibo is used in an antinuclear protest in China"，*Chinese Journal of Communication*，2016，9，pp. 385-402.

② Benford，R. & Snow，D.，"Framing processes and social movements：An overview and assessment"，*Annual Review of Sociology*，2000，26，pp. 611-639.

居民日常生活联系起来,或者赞美引人入胜的风景,或者谴责凌乱的环境,以唤醒居民对环境及对彼此的责任。① 还有研究发现,相比提出解决方案,地方性框架在揭示普遍存在的问题与提供行动指南方面更为有效。地方性框架的基础在于与地方相关的象征性、情感性意义。物理条件变化会打破原有的地方认同,触发居民对变化的阐释和评估,并由此导致地方保护行为。②

　　一方面,基于地方的图像、符号、物品、话语等会促使城市行动的发展;另一方面,城市行动也会形成新的空间话语与实践、突出社区生活质量的重要性、将"事实问题"转变为"地方关心",从而推动空间的再生产。③ 居民对空间的认同并非一成不变,而是在空间使用和集体行动过程中不断地被重新定义。④ 城市物理条件不仅限于建筑环境,还包括生

① Martin, D., "'Place-framing' as place-making: Constituting a neighborhood for organizing and activism", *Annals of the Association of American Geographers*, 2003, 93, pp. 730-750.
② Devine-Wright, P., "Rethinking NIMBYism: The role of place attachment and place identity in explaining place-protective action", *Journal of Community & Applied Social Psychology*, 2009, 19, pp. 426-441.
③ Schaeffer, C. & Smits, M., "From matters of fact to places of concern? Energy, environmental movements and place-making in Chile and Thailand", *Geoforum*, 2015, 65, p. 146.
④ Della Porta, D. & Fabbri, M., "Producing space in action: The protest campaign against the construction of the Dal Molin military base", *Social Movement Studies*, 2016, 15(2), pp. 180-196.

态环境。污染的加剧意味着生态环境对于塑造空间认同的重要性日益凸显。

空间理论与社会运动研究者尚未对城市运动中的历史记忆给予充分的关注。阿提夫·赛义德（Atef Said）提出历史性空间的概念，以理解空间如何随着时间的推移为当前的社会运动提供意义背景。① 笔者认为，这对梳理空间的二元性至关重要。正如克利福德·迪顿（Clifford Deaton）所指出的那样，城市动员激活了关于过去政治事件的记忆、建立了与潜在参与者的联系、证明了行动的正当性。② 同样地，开罗解放广场在之前社会运动中的历史对2011 年的埃及革命来说非常重要，因为它提供了已知的行动目标、占领策略与精神启示。③ 历史记忆与民间故事不是静态的文化资源，而是可以通过竞争性的框架化策略被转化为新的话语。然而，过去记忆的重要性并不仅限于引人注目的政治事件。一项针对核燃料厂行动的研究表明，参与者利用与政府打交道的经历为他们对政府话语的不

---

① Said，A.，"We ought to be here：Historicizing space and mobilization in Tahrir Square"，*International Sociology*，2015，30，pp. 348-366.

② Deaton，C.，"The revolution will not be occupied：Theorizing urban revolutionary movements in Tehran，Prague，and Paris"，*Territory，Politics，Governance*，2015，3，pp. 205-226.

③ Said，A.，"We ought to be here：Historicizing space and mobilization in Tahrir Square"，*International Sociology*，2015，30，pp. 348-366.

信任提供了依据。① 由此可见,与地方政府的互动经历以及更一般化的城市条件对地方保护行动具有重要意义,因为它们可以用来与当前的变化进行对比,从而将抽象话语具体化。

基于上述讨论,接下来笔者将运用比较-阐释的方式,结合风险感知与空间/场域的视角对昆明和茂名两起 PX 事件进行考察,揭示环境风险的意义建构过程如何与物理空间、空间感知及过往的城市经历交织在一起。

三、差异化的风险感知框架:对两起 PX 事件的比较

PX 化工厂选址已成为中国不少城市面临的一个争议性问题。PX 是石油化工产业的中间产物,是一种低毒性化学品,被广泛用于生产聚酯纤维、塑料瓶等。中国快速工业化对 PX 产生了巨大需求,已大大超出现有的生产能力,国内的 PX 自给率从 2000 年的 88％下降至 2012 年的 53％。② 目前,中国主要通过国外进口弥补不足,缺乏自主生产的能力意味着丧失对 PX 价格的话语权,可能导致 PX 价格大起大

---

① Huang, R. & Sun, X., "Dynamic preference revelation and expression of personal frames: How weibo is used in an antinuclear protest in China", *Chinese Journal of Communication*, 2016, 9, pp. 385-402.

② 《人民日报探析 PX 之惑:PX 产业,我们可不可以发展吗》(2013 年 7 月 30 日),人民网,http://theory. people. com. cn/n/2013/0730/c40531-22373624. html,最后浏览日期:2015 年 11 月 20 日。

落,从而影响整个产业链的发展。① 为应对 PX 产能的短缺,国家将 PX 产业发展提上了议事日程,计划在全国范围内新建 10 余个大型 PX 项目。② 然而,PX 项目的选址却遭到前所未有的阻力。自 2007 年以来,厦门、大连、宁波、昆明、成都、茂名等地居民纷纷反对 PX 项目。

　　本章选用昆明和茂名两起反 PX 行动案例来阐释环境行动的空间变量。两个案例各自具有独特的城市特征,分别代表了过去十几年间发生的具有影响力的 PX 事件的两种常见类型:昆明以旅游城市闻名,缺乏与工业、污染相关的经历;茂名则是一个重工业城市,长期处于污染严重的状态。这两个城市的空间特征及相应的生活经历很大程度上造就了两地居民对 PX 项目截然不同的风险感知。为系统考察两地居民在集体行动中采用的框架,笔者跟踪了事件发展过程中新浪微博上的相关发言,收集了与昆明相关的 11 455 条微博条文和与茂名相关的 6 113 条微博条文,③在其中随机抽取了 4 600 条微博条文进行人工编码以创建训练集,然后借助自动内容分析技术对所有微博条文

① 《人民日报探析 PX 之惑:PX 产业,我们可以不发展吗》(2013 年 7 月 30 日),人民网,http://theory. people. com. cn/n/2013/0730/ c40531-22373624. html,最后浏览日期:2015 年 11 月 20 日。
② 《中国的 13 个 PX 项目一览》(2011 年 10 月 26 日),财新网, https://economy. caixin. com/2011-10-26/100317256. html,最后浏览日期:2012 年 11 月 20 日。
③ 昆明案例中微博条文的发表时间为 2013 年 3 月 29 日—5 月 16 日;茂名案例中微博条文的发表时间为 2014 年 3 月 15 日— 4 月 23 日。

进行量化分析。

　　集体行动框架包括环境/健康风险、选址争议、对政府宣传的不信任以及信息披露不充分。现有研究普遍认为，这些因素对邻避行动的发生具有重要影响。由于担心污染性设施可能引发环境与健康风险，居民往往对选址决策提出质疑。[1] 同时，居民对企业与地方政府持有不信任的态度，担心政府不能对企业实施有效监管，从而加剧污染风险。[2] 此外，由于涉及切身利益，居民期望获得与污染性设施建设与运营相关的信息，企业与政府信息披露不充分往往会进一步加剧居民对风险严重程度的感知。[3]

　　对微博条文的分析显示了昆明与茂名 PX 事件中行动

---

[1]　Devine-Wright, P., "Beyond NIMBYism: Towards an integrated framework for understanding public perceptions of wind energy", *Wind Energy*, 2005, 8(2), pp. 125-139; Van Der Horst, D., "NIMBY or not? Exploring the relevance of location and the politics of voiced opinions in renewable energy siting controversies", *Energy Policy*, 2007, 35, pp. 2705-2714.

[2]　Hunter, S. & Leyden, K., "Beyond NIMBY: Explaining opposition to hazardous waste facilities", *Policy Studies Journal*, 1995, 23, pp. 601-620; Kasperson, R., Golding, D. & Tuler, S., "Social distrust as a factor in siting hazardous facilities and communicating risks", *Journal of Social Issues*, 1992, 48(4), pp. 161-187.

[3]　Futrell, R., "Framing processes, cognitive liberation, and NIMBY protest in the U. S. chemical-weapons disposal conflict", Sociological Inquiry, 2003, 73, pp. 359-386; Johnson, T., "Environmental information disclosure in China: Policy developments and NGO responses", *Policy and Politics*, 2011, 39, pp. 399-416.

框架的显著差异(见表 3.1)。昆明案例中提到环境/健康风险与选址争议的比例明显多于茂名。自动内容分析显示,昆明案例中有 42.2％的微博条文提到环境/健康风险,而茂名案例中只有 1％。对已下载微博条文的关键词检索显示,昆明案例中有 18.7％的微博条文涉及环境和空气质量,5.4％涉及癌症,1.2％涉及呼吸系统疾病,2.6％涉及后代。值得一提的是,尽管风险框架经常被使用,但它们不一定与经济发展框架一起使用。对已下载的微博条文进行关键词检索后发现,茂名案例中只有 1.4％的微博条文提到了"经济"或"经济的"一词,这两个关键词在昆明案例中的占比为 3.8％。两个案例中都只有不到 1％的微博条文提到"房价"一词。一个可能的解释是,这两起 PX 事件都属于全市范围的动员,参与者在经济方面受到 PX 设施的影响较小。

表 3.1　昆明与茂名案例中的社交媒体框架

框架	昆明 2013-3-29— 2013-5-16	茂名 2014-3-15— 2014-4-23
环境/健康风险	42.2％	1.0％
选址争议	25.1％	<0.2％
对地方政府宣传的不信任	2.6％	18.5％
信息披露不充分	<0.1％	26.0％
微博条文数量	11 455 条	6 113 条

在选址争议方面,昆明案例中有 25.1％的微博条文对选址决策依据提出异议,认为昆明的气候和地理条件(如风

向、水资源)意味着该城市并不适合建设 PX 项目。相比之下,茂名案例中涉及选址决策依据的微博条文的百分比低于 0.2%。这可能是因为茂名一直都是一个重工业城市,在选址方面并没有太多可争议之处。

地方政府关于 PX 项目的宣传通常强调项目运营的安全性以及企业在环保方面的投入,居民却对这些宣传表示怀疑,认为政府并不能对项目运营与污染控制实施有效监管。这是茂名案例中出现最多的框架之一。自动内容分析表明,有 18.5% 的微博条文表达了对政府宣传的不信任。这些条文或是质疑有关 PX 清洁生产方面的科普宣传,或是质疑政府在项目监管、污染防范方面的意愿和能力。相比之下,昆明案例中对政府宣传表示不信任的微博条文的比例仅为 2.6%。除了项目宣传之外,居民对政府的不信任还有可能来源于政民互动过程,而由互动过程引发的不信任并未包含在上述定义之中。

在信息披露方面,茂名案例中有 26% 的微博条文提到信息披露不充分,这些条文批评茂名市政府没有充分公开项目信息、开展单向宣传、缺乏与公众的沟通、并通过删除敏感条文等方式进行舆论管控。相对地,信息披露不充分的行动框架在昆明案例中的比重不到 0.1%。下文通过对两个城市的空间环境、生活经历、历史记忆等方面的深入考察,揭示两地居民对 PX 项目差异化风险感知的原因。

四、春城昆明与公众对环境风险的感知

（一）脆弱的生态系统与环保组织的培育

昆明以其自然与人居环境而闻名。它位于云贵高原中部，三面环山，南靠滇池①。由于山脉阻挡了来自北方的冷空气，滇池提升了温度和湿度，使昆明全年气候宜人，享有"春城"的美誉。当地生态系统多样化程度很高，拥有超过3 000多类种子植物、400多种花卉、多种国家级野生保护动物。② 此外，昆明拥有干净、清新的空气。根据昆明市环境保护局(现生态环境局)的数据，2003—2016年，昆明的空气质量保持了90％以上的优良率。③ 优美的自然环境使昆明成为最热门的旅游城市之一。2013年，昆明接待海外游客123万余人次，国内游客近5 480万人次，收入近516亿元人民币。④ 地理分布、宜人气候和多样化生态系统为当地居民提供了行动框架的物质性参考。

然而，昆明的生态系统又异常脆弱，水资源短缺已成为

---

① 滇池是云南省最大的淡水湖，有高原明珠之称。
② 郑静萍、吴玲、韩秀红：《昆明生态城市建设研究》，《昆明学院学报》2009年第2期。
③ 《昆明空气质量优良率连续13年超90％》(2017年1月14日)，凤凰网，https://news.ifeng.com/a/20170114/50574923_0.shtml，最后浏览日期：2017年3月20日。
④ 昆明市统计局：《2013年昆明市国民经济和社会发展统计公报》，昆明市统计局网站，http://tjj.km.gov.cn/c/2020-04-10/3476664.shtml，最后浏览日期：2020年6月10日。

一个紧迫的危机。自 20 世纪 80 年代以来，滇池受到严重污染。随着工业化与城市化的快速发展，生活与工业污水的排放超过了湖泊的自净能力，打破了生态系统的平衡。1996—2015 年，昆明市政府共投入 500 多亿元用于控制滇池污染，却一直未能达到治理目标。① 自 2009 年以来，滇池污染、高原地形、森林退化等原因共同导致了遍及整个云南的严重干旱。2013 年，云南省有 1 200 多万人受干旱影响，其中 340 万人难以获得饮用水。② 昆明也不例外，是中国 14 个最缺水的城市之一。

多样化而又异常脆弱的生态系统使云南省成为国内外环保组织重点关注的对象。对于经济发展水平并不高的边疆省份而言，云南省亟须社会力量帮助解决其严峻的环境和社会问题，因而对国内外环保组织都持欢迎的态度。③ 据了解，在云南注册和运营的国际非政府组织有 200 多家，超过北京和上海。④ 环保组织在提高环境意识

①　《滇池治污目标屡屡落空，20 年投入五百亿水质仍多处劣五类》（2016 年 9 月 2 日），搜狐网，https://www. sohu. com/a/113362761_260616，最后浏览日期：2017 年 3 月 20 日。

②　《缺水成云南最大瓶颈　生态性缺水隐忧渐显》（2013 年 5 月 21 日），搜狐网，http://business. sohu. com/20130521/n376551907. shtml，最后浏览日期：2017 年 3 月 20 日。

③　Teets, J., "The evolution of civil society in Yunnan Province: Contending models of civil society management in China", *Journal of Contemporary China*, 2015, 24(91), pp. 158-175.

④　《超过 200 家国际 NGO 组织在云南开展活动》（2007 年 10 月 9 日），搜狐网，http://news. sohu. com/20071009/n252541670. shtml，最后浏览日期：2017 年 3 月 20 日。

和鼓励公民参与环保实践等方面发挥了重要作用。例如，当地环保组织"绿色昆明"自 2009 年以来坚持每月组织"滇池日"活动。据统计，2009—2011 年，800 多名市民参加了这个活动，包括参观滇池分水岭、监测水质、记录污染水平、撰写新闻报道、向当地政府部门提出建议等。环境意识的启蒙与环保活动的参与为昆明市民的行动框架提供了经验性支持。

（二）关于 PX 项目的环境争议

2008 年，中国石油天然气股份有限公司（简称"中石油"）计划在云南省安宁市草铺镇工业园建设一座 1 000 万吨的炼油厂。安宁炼油项目是中缅石油与天然气管道的中转站，旨在提高中国南部陆地的油气供给，被认为是国家能源安全战略的组成部分。炼油项目还有望缓解当地石油与天然气的短缺，并为云南省带来可观的收益。项目投资达 200 亿元。投入使用后，炼油项目年产值将高达 2 000 亿元，相当于云南省国内生产总值的 20%。① 中石油于 2010 年开始建设炼油项目，两年后，该项目的环境影响评估报告获环境保护部（现生态环境部）审批通过。

2013 年 2 月，当地报纸《昆明日报》刊登了一篇题为《发改委批准中石油云南项目，安宁将成为中国西南部石油中枢》的文章，安宁炼油项目建设的消息被正式公开。炼油项目中的 PX 生产部分在当地引发了巨大的争议。PX 是石油

---

① 林春挺、徐燕燕、邹新：《昆明大炼油项目背后的千亿 GDP 诱惑》，《第一财经日报》，2013 年 5 月 6 日。

炼制的下游产品,被认为是有毒物质,在厦门、大连、宁波等地都引发了抵制行动,居民担心 PX 项目会对昆明的环境造成污染。3 月 29 日,昆明市政府召开关于安宁炼油项目建设进展的新闻发布会。政府发言人表示,1 000 万吨炼油项目经过了最严格的审批。政府在过去 5 年中已开展了 53 项有关安全、水资源保护、地震、环境影响和生产技术等方面的重大研究项目。[1] 然而与此同时,有专家表示考虑到昆明脆弱的生态系统,特别是缺水的现状,炼油项目可能会超出城市的环境承载力,导致不可逆转的环境破坏。[2]

2013 年 4 月 18 日,两个当地环保组织"绿色昆明"和"绿色流域"前往安宁进行实地考察,当地政府和项目园区负责人邀请两个环保组织进行对话。在谈话中,当地政府负责人提到了环境承载力的问题,并承诺政府将关闭污染严重的 70 余家小型化工企业,在总量上控制当地的污染排放。[3] 然而,当环保组织要求公开炼油项目的环境影响评估报告时,当地政府却以涉密为由拒绝公开。后来,昆明市民通过线上论坛、博客和微博等渠道表达了对 PX 项目的担忧,认为不科学的选址不仅会导致空气污染,还会加剧昆明

---

[1] 《就社会关注的中石油云南炼油项目　昆明官方今作回应》(2013 年 3 月 29 日),新浪网,http://news. sina. com. cn/o/2013-03-29/193326683114. shtml,最后浏览日期:2017 年 3 月 20 日。

[2] 林春挺、徐燕燕、邹新:《昆明大炼油项目背后的千亿 GDP 诱惑》,《第一财经日报》,2013 年 5 月 6 日。

[3] 《PX 项目是否放在昆明安宁将咨询民意》(2013 年 4 月 23 日),新浪网,http://finance. sina. com. cn/money/future/20130423/081715244189. shtml,最后浏览日期:2017 年 3 月 20 日。

的干旱问题(炼油需要消耗大量的水)。

2013 年 4 月下旬,集体行动动员的信息通过 QQ 群、微博和微信等社交媒体平台广泛传播。5 月 4 日,逾 3 000 名市民在昆明市中心的南屏广场聚集,戴着标有"反 PX"字样的面具,举着"春城拒绝污染项目"的横幅,高呼口号表示抗议。示威行动和平进行,没有发生暴力事件。昆明市政府于 5 月 10 日再次召开新闻发布会,中石油云南石化有限公司总经理在发布会上强调公司非常重视环保,将在环保方面投资 32 亿元,占项目总投资的 15％。① 然而,公众仍质疑这些承诺是否会兑现,并继续通过线上平台表达反对意见。5 月 16 日,约 1 000 名市民再次上街,聚集在老省政府门口表达不满。对此,昆明市市长亲临现场,表示 PX 项目上不上将充分尊重广大市民的意愿。

(三) 间接知识与想象引发的风险恐惧

在昆明案例中,引发环境行动的一个关键因素是居民对炼油项目的风险感知。昆明是一个旅游城市,一直以来空气质量都很好。空气状况可能突然变糟的消息使昆明居民感到恐慌,不知道该如何面对。缺乏与炼油产业相关的经历意味着昆明居民对 PX 项目的态度主要基于他们对潜在风险的感知,而这种风险感知是由围绕项目选址的线上讨论与当地生活经历交织而成的。环境/健康风险争议一

---

① 《中石油详解安宁炼油项目:环保投入达 32 亿元》(2013 年 5 月 10 日),中国新闻网,https://www.chinanews.com.cn/gn/2013/05-10/4807153.shtml,最后浏览日期:2017 年 3 月 20 日。

直是舆论的焦点。环保组织和环境专家从专业性的角度对炼油项目选址提出了质疑,这些专业意见不仅为反 PX 行动提供了科学和法律依据,而且与居民的风险感知形成了强烈的共鸣。不断累积的风险感知最终促使居民走上街头。

居民生活经历与线上讨论的互动集中在两个方面。第一,在昆明美丽宜人的生活经历与炼油项目可能造成的污染状况之间的鲜明反差。作为著名旅游城市和生态保护区,昆明居民因宜人的天气、良好的空气质量与舒适的生活环境而为家乡感到自豪,对炼油厂可能造成的潜在威胁非常敏感:

> 我在昆明长大,我非常爱这个城市。如果炼油厂建在安宁,蓝天白云、青山绿水将不复存在。[1]

随着选址争议的公开化,有关 PX 毒性的信息及其对环境的影响开始在网络上累积,加剧了居民对拟建项目可能破坏其所珍视的生活环境的担忧:

> 我听说炼油厂的产量是 1 000 万吨。炼油的过程中会产生含苯类致癌物的废气。昆明位于化工厂的下风向,空气将受到严重污染。希望环保部门能向我们解释污染到底有多严重。是我们呼吸空气,所以我们有权知道。[2]

---

[1]　新浪微博条文 wb20130426001。基于研究伦理的考虑,本书网络帖文的引用采用编号形式,以下不再一一说明。

[2]　新浪微博条文 wb20130416003。

PX化工厂选址在其他城市多次遭遇抵制的消息进一步强化了居民的风险感知：

> 炼油厂从大连、厦门和什邡被赶走，现在迁到安宁。一旦投入使用，化工厂的有害物质不仅会严重污染昆明的空气、植被和水，还会危害人们的健康。①

很明显，物理环境、"春城"的声誉与舒适宜人的日常生活构成了昆明居民风险框架的主要来源。

第二，围绕昆明脆弱的生态系统对居民生活造成的影响。昆明居民目睹过生态平衡被打破所造成的严重后果。城市化与工业化的快速发展导致滇池被严重污染。经过数十年的努力，滇池污染仍未得到控制，给昆明造成了巨大的经济和环境损失。此外，上文提到的干旱危机导致了环境问题进一步恶化。这些经历使昆明居民对他们的生存环境怀有崇高的敬意：

> 我真的很想念小时候的春城。现在，滇池的污染打破了春城的神话。干旱导致昆明气温上升。难道这些不就是大自然的复仇吗？②

环境专家指出，炼油项目可能会超出昆明的环境承载力，加剧生态脆弱性，使缺水问题进一步恶化。这个意见为居民反对项目建设提供了专业性支持：

---

① 新浪微博条文 wb20130425002。
② 新浪微博条文 wb20130507002。

在旅游城市要建设一个大型的炼油项目,但这个城市多年来一直干旱,几乎无法获得饮用水,主要依靠湖泊进行排水。如果该计划得以实施,可能会导致生态恶化,进而可能很快使自己成为迁移的对象。①

从环境承载力的角度出发,当前炼油项目的选址并未充分考虑昆明独特的气候与地理限制(如风向、水资源),因而缺乏科学性与合理性。这一行动框架得到了居民的高度共鸣并在网上广泛传播:

昆明三面环山,只有南面地势平缓,形成了独特的气候环境。如果炼油厂建在南部的逆风位置,所有有毒气(体)都不会被吹走。昆明的空气与环境污染在未来几十年里都无法被消解。②

由此可见,对宜人的生活环境的珍视,与工业、污染相关的生活经历的缺乏,以及对生态平衡被打破的担忧促成了昆明案例中普遍存在的风险框架。茂名的情况则有所不同,当地居民的抵制主要源于对政府宣传的不信任,因为政府对 PX 项目的宣传与居民在这个重污染城市的生活经历之间存在明显落差。

①　新浪微博条文 wb20130424001。
②　新浪微博条文 wb20130505002。

五、南方油城与公众对环境污染的反弹

（一）被污染的石油城市

广东省茂名市以其大型石化产业而闻名,被称为"南方油城"。2000—2007 年,茂名一直保持年均 12% 的 GDP 增长率,其中石化产业贡献巨大。茂名石化是中国石油化工股份有限公司(简称"中石化")位于茂名的分公司,成立于 1955 年,在茂名被划归为地级市之前就已存在。随着过去几十年的发展,茂名石化已成为中国南部最大的炼油化工一体化基地,年收入超过 1 000 亿元,每年向茂名市和广东省政府贡献税收 200 多亿元。

然而,石化产业对该市造成了严重的污染。大量石化厂集聚在茂名西部的两个工业区内,形成一个高密度的污染源。不科学的城市规划导致情况进一步恶化:为充分利用空间,居民住宅区混建于工业区中,许多居民区距离石油化工厂不到 500 米,远低于规定的标准。[①] 集中化的生产模式和不科学的空间规划导致了严重的环境污染和对居民健康的损害。一份报告曾指出,工厂排放的废气中含有一氧化碳、氯和二氧化硫等有毒物质,在附近经常能闻到刺激性气味。当地居民普遍患有白细胞含量

---

① 郎好善、许学强:《茂名市的大气污染与城市总体布局》,《城市规划》1980 年第 2 期。

低、心律失常和呼吸系统疾病。① 居民区与工业区混建的土地利用模式与长期的污染经历为环境行动框架提供了土壤,而当地政府对污染问题的消极回应则进一步强化了这些框架。

地方政府早就认识到污染的严重性,治污工作却进展缓慢。这一方面是由于建立缓冲区意味着大规模的重新安置,财政压力巨大;另一方面是由于提拔晋升主要取决于经济发展绩效,因而比起环境保护,当地领导更加看重 GDP 增长。2009 年,茂名石化向广东省环境保护厅(现生态环境厅)提出申请,将炼油能力从 1 000 万吨提高到 2 000 万吨,并增加7 台新设备。对一个如此大规模的生产项目,广东省环境保护厅并无审批权限,却依然给扩建计划开了绿灯。2010 年,国家环境保护部(现生态环境部)否决了这项审批,表示项目是否可行需要等待进一步的环境影响评估。此外,环境保护部要求将缓冲区建设从广东省环境保护厅之前规定的800 米扩大到 1 300 米。然而,直到 2013 年,新设备都已投入使用,茂名市政府仅批准了首批 120 户居民的搬迁计划,而位于 800 米缓冲区域内的居民仍有 1 786 户未获搬迁。②

(二)PX 项目的政府宣传

污染问题很难阻碍石油城市的发展速度。根据广东省

---

① 郎好善、许学强:《茂名市的大气污染与城市总体布局》,《城市规划》1980 年第 2 期。

② 《石化围城》(2013 年 9 月 9 日),搜狐网,http://news. sohu. com/20130909/n386186966. shtml,最后浏览日期:2017 年 3 月 22 日。

政府于 2009 年发布的《广东省人民政府关于促进粤西地区振兴发展的指导意见》,茂名市被定位为世界级石化基地,完善产业链是实现该目标的关键一步。2011 年,茂名市政府提出了"十二五"规划,旨在将年炼油能力提高到 4 000 万吨,将乙烯年产量提高到 200 万吨,并组建一批可年产 60 万吨 PX 的新设备。PX 项目由茂名市政府和茂名石化共同建设,总投资超过 35 亿元。

2012 年 10 月,国家发展和改革委员会(简称"发改委")批准了该项目。然而,直到 2014 年年初,PX 项目才公之于众。由于此前 PX 项目在厦门、宁波、昆明等城市屡屡遭遇抵制,茂名市政府意识到茂名 PX 项目也可能遭到当地居民的反对,因此预先准备了一系列关于 PX 项目的宣传工作,以期提高居民对项目的接受度。2014 年 2 月 27 日,《茂名日报》发表了一篇题为《茂名石化绿色高端产品走进千家万户》的宣传文章。随后,茂名市宣传部门开展了为期一个月的集中宣传。《茂名日报》发表了一系列普及 PX 知识的文章,包括《揭开 PX 的神秘面纱》《PX 到底有没有危害》《PX 项目还要不要继续发展》《PX 项目的真相》等。这些文章试图向公众表明,参照国内外标准,PX 仅具有低毒性,不会对健康或环境造成危害。3 月 18 日,茂名市委召开石油产业专题学习会,邀请中国工程院院士、清华大学化工工程系教授对 PX 项目解疑释惑。专题学习会的内容由茂名电视台和茂名石化电视台每天向公众滚动播放。

媒体宣传之外,茂名市政府还采取了一系列预防性措施来规避可能发生的抵制行动。其中一项措施是要求公众签署协议书,承诺的内容包括:支持发展 PX 项目的决策;不听谣、不信谣、不传谣,不发表妨碍 PX 项目建设的言论;绝不组织或参与任何反对和阻挠 PX 项目建设的活动。[①] 签订承诺书的做法是茂名市政府向九江市政府取经的结果。自 3 月中旬以来,当地石化系统、教育系统的员工及学生都被要求签署该协议。签署过程具有隐形的强迫成分,有学生和员工被告知,拒绝签名将对他们的高考和职业晋升产生负面影响。[②]

3 月 27 日,茂名市政府召开 PX 项目推广会,邀请当地活跃且有影响力的网友参加。会议原本计划控制在 50 人左右,以闭门的方式进行,但由于其中一个受邀网站将推广会的消息在网上公布,结果约 250 名活跃的网友出席了会议,远远超出政府的预期。在会议期间,政府发言人态度严厉而傲慢,引起在场网友的不满。之后,与会者互相交换了联系方式,形成了一个非正式的行动网络。

此后几天,集体行动的信息开始通过微博、微信等社交媒体平台广泛传播。3 月 30 日,数千名市民聚集在茂名市委大院门口表示抗议。示威行动持续了 4 天。4 月 3 日,茂名市政府召开新闻发布会,表示 PX 项目仅处于宣传阶段,未达成共识前绝不开工。

① 周清树:《茂名 PX 事件前的 31 天》,《新京报》,2014 年 4 月 5 日。
② 同上。

（三）政府宣传与生活经历的矛盾导致的不信任

茂名反 PX 行动的主要框架是当地居民对政府宣传的不信任,这种不信任源于政府对 PX 项目的宣传与居民的生活经历之间存在矛盾。自 1955 年茂名石化成立以来,茂名一直以其重工业而闻名。当地居民饱受工业污染之苦,早已将城市生活与工业污染、疾病、政府不作为等现象联系在一起。然而,为了推进 PX 项目的建设,茂名市政府着力强调 PX 项目清洁、环保、无害等特点,并通过当地报纸、电视、广播等途径轮番对公众展开宣传攻势。政府高调的宣传工作不仅没有取得预期的成效,反而引发了当地民众的反弹。

具体而言,茂名居民对政府的不信任源于两方面的矛盾。第一,政府对 PX 项目无害化的宣传与居民生活经历之间存在矛盾。在茂名居民看来,这个城市一直遭受着石化产业的严重污染:

> 如果你去过茂名,你就会知道那里的空气质量有多差。茂名是石化工业城市。自 20 世纪 50 年代以来,大多数设备一直在投入使用。从很远处你就可以看到巨大的烟囱周围燃烧的火焰。一进入城市,刺激性气味就会立即进入你的呼吸道。①

空气污染对居民的身体健康产生了危害,呼吸道疾病是当地最常见的一种疾病:

> 我在茂名长大。在学校的时候,每次体检我都被

----

① 天涯论坛帖子 ty20140407009。

诊断出患有同样的病症——咽喉炎。我的许多同学都被诊断出患有鼻炎。为什么？因为工业污染！难道我的家乡还没有受尽污染吗？PX项目！到底哪个更重要，政府绩效还是公民健康？①

茂名市宣传部门试图通过援引国际标准与科学依据来强调PX的无害性，并声称PX的致癌性与咖啡同级。"PX类比咖啡"的说法遭到居民的强烈反对：

> 你们（政府）说PX和一杯咖啡一样安全。但是你们有没有想过喝一杯咖啡并不等于一直喝咖啡？PX项目距离居民区非常近。你们（政府）能否认一周七天、每天24小时都喝咖啡的人不会比不喝咖啡的人早死？②

第二，政府和企业在污染治理方面不作为的历史表现与其在PX项目宣传中强调承担环境与社会责任之间的矛盾。在一篇题为《茂名石化绿色高端产品走进千家万户》的文章中，茂名石化被描述为一家致力于低碳、清洁生产以及勇于承担社会责任的企业。但这一"仁义"形象并不符合茂名石化长久以来在居民心目中的形象：

> 我从小时候开始就患上了鼻炎。我的同学、亲戚和朋友中有一半也有鼻炎。天气变化、感冒或哭的时候，都只能用嘴呼吸。我必须随身携带几包纸巾。多

---

① 新浪微博条文 wb20140328003。
② 天涯论坛帖子 ty20140405008。

年来,石化公司一直没有向我们提供任何赔偿。我们也没有能力去证明公司对我们做了什么。①

在污染治理的问题上,茂名居民不仅责怪企业,同时认为当地政府也负有责任。2012—2013 年,茂名石化连续两年发生重大环保违规事件,被广东省环境保护厅挂牌督办。② 当地居民将这类现象归咎于地方政府不作为,既无能力也无意愿对中石化这样的石油巨头实施监管:

> 如果现在的工厂都不能达到环保标准,你又怎么能指望这个 PX 项目不会产生更多污染?③

> 问题在于,无论项目有多好,政府都不会考虑防范环境污染,保护人们的安全,而只是想从中获利,并在出现问题时限制信息的传播。④

这些微博条文表明,茂名市政府对 PX 项目的宣传既不符合当地居民对日常生活的体验,也不符合地方政府和企业在污染治理方面的历史表现,从而导致居民对地方政府宣传的不信任。

---

① 天涯论坛帖子 ty20140401011。
② 蓝之馨、刘嘉琪:《茂名石化因环境问题再被挂牌督办》,《第一财经日报》,2013 年 5 月 10 日。
③ 天涯论坛帖子 ty20140408006。
④ 天涯论坛帖子 ty20140401007。

| 第四章
多元环境力量的联结 [*]

由社区居民反对污染性设施选址引发的集体行动构成了中国环境群体性事件的重要组成部分。在制度化参与渠道尚不完善的情况下,居民往往采用上街、示威等非制度化方式对政府施压。居民环境行动具有明显的事件导向和地域属性,呈现快起快落的特点,难以形成长期的政治与社会影响。[①] 这在

---

[*] 本章部分内容来自 Sun, X. , Huang, R. & Yip, N. , "Dynamic political opportunities and environmental forces linking up: A case study of anti-PX contention in Kunming", *Journal of Contemporary China*, 2017, 26(106), pp. 536-548。收入本书时有修订。

[①] Lang, G. & Xu, Y. , "Anti-incinerator campaigns and the evolution of protest politics in China", *Environmental Politics*, 2013, 22(5), pp. 832-848; Johnson, T. , "Environmentalism and NIMBYism in China: Promoting a rules-based approach to public participation", *Environmental Politics*, 2010, 19(3), pp. 430-448.

很大程度上是源于组织性力量的缺位。有研究显示,在特定的政治环境下,环保组织为了确保自身的存续和发展,倾向于在制度框架内行动,尽量避免卷入敏感性事件。[①] 然而近年来,中国环境行动中开始出现多元环境力量联合的趋势。玛丽亚·邦德(Maria Bondes)与托马斯·约翰森(Thomas Johnson)对潘官营垃圾焚烧事件的研究发现,反焚行动中呈现出多元环境力量在横向上与纵向上的联结。[②] 横向联结是指潘官营社区与其他有类似经历的社区之间的联结。其他社区的经历提升了潘官营村民的环境意识,促使他们提出与环境、健康相关的行动框架,并运用这个框架动员当地村民的支持。纵向联结是指潘官营社区与来自全国性反焚联盟中的专家、律师、环保组织等行动者之间的联结。这些环境精英不仅为村民提供了环境、法律等方面的专业援助,还作为中介人将潘官营垃圾焚烧事件介

① Ho, P. & Edmonds, R. (eds.), *China's embedded activism: Opportunities and constraints of a social movement*, Routledge, 2008; Yang, G., "Environmental NGOs and institutional dynamics in China", *The China Quarterly*, 2005, 181, pp. 46-66; Spires, A., "Contingent symbiosis and civil society in an authoritarian state: Understanding the survival of China's grassroots NGOs", *American Journal of Sociology*, 2011, 117(1), pp. 1-45.

② Bondes, M. & Johnson, T., "Beyond localized environmental contention: Horizontal and vertical diffusion in a Chinese anti-incinerator campaign", *Journal of Contemporary China*, 2017, 26, pp. 504-520.

绍给媒体,借助媒体的影响力推动事件的解决。[①] 然而,现有研究仍倾向于将环保组织与社区行动看作环境行动中互不相关的两个方面,忽视了两者之间的联系与互动,限制了我们对中国环境行动的深入理解。[②] 为了打破这种分隔,本章旨在考察多元环保力量之间是如何联结起来的? 这种联结对中国环境行动具有怎样的影响?

一、集体行动动员:政治机会结构与资源动员

为了理解多元环境力量之间的联结,我们有必要借鉴社会运动领域的研究成果。社会运动文献主要关注集体行动的发生机制与动员过程,考察何种外部环境与资源条件使集体行动成为可能。社会运动文献包括政治机会结构和资源动员两大理论。下文将阐述这两种理论,并在此基础上提出理解中国环境力量联结的分析框架。

（一）政治机会结构

政治机会结构理论认为,集体行动的发生受制于其所

---

① Bondes, M. & Johnson, T., "Beyond localized environmental contention: Horizontal and vertical diffusion in a Chinese anti-incinerator campaign", *Journal of Contemporary China*, 2017, 26, pp. 504-520.

② Wu, F., "Environmental politics in China: An issue area in review", *Journal of Chinese Political Science*, 2009, 14(4), pp. 383-406.

嵌入的政治环境。[1] 一般而言,相对封闭的政治系统更有可能引发集体行动,因为民众缺乏制度化的参与渠道,不能对政府决策施加影响,在失望和沮丧之下只能通过集体行动的方式发声。彼特·艾辛格(Peter Eisinger)对美国 43 个城市抗议事件的研究发现,集体行动与政治环境间的关系并非线性,而是呈现曲线型,最有可能在政治系统从封闭走向开放的过程中发生(见图 4. 1)。[2] 在政治系统封闭的情况下,集体行动不但不太可能获得有利的反馈,还有被压制

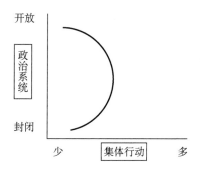

图 4. 1　政治系统与集体行动的关系图

资料来源:Eisinger, P. , "The conditions of protest behavior in American cities", *The American Political Science Review*, 1973, 67(1), p. 27。

---

[1]　Tarrow, S. , " States and Opportunities: The Political Structuring of Social Movements", in McAdam, D. , McCarthy, J. & Zald, M. (eds.), *Comparative Perspectives on Social Movements: Political Opportunities, Mobilizing Structures, and Cultural Framings*, Cambridge University Press, 1996.

[2]　Eisinger, P. , "The conditions of protest behavior in American cities", *The American Political Science Review*, 1973, 67(1), pp. 11-28.

的风险,因而发生的概率很低。而在一个高度开放的政治系统中,民众能够通过制度化渠道进行诉求表达,政府又能及时、有效地回应这些诉求,因而集体行动变得没有必要。只有当政治系统从封闭向开放转变的过程中最有可能发生集体行动,因为这个变化的过程使原本没有权力的群体开始能够施加一些影响,然而这个变化过程又比较缓慢,不足以满足日益增长的期待。在这种情况下,这些群体逐渐意识到政治系统的脆弱性并采用集体行动的方式表达其寻求改变的迫切之心。①

赫伯特·基瑟尔特(Herbert Kitschelt)进一步指出,除了政治系统的开放程度之外,政府的政策执行能力也会影响民众诉求被纳入政府决策过程的可能性,从而影响集体行动的动员策略及其结果。② 从这个意义上说,政治机会结构包括政策输入和政策输出两个方面。政策输入是指政治系统对新的社会诉求的开放程度,受到以下四种因素的影响。第一,政治党派或群体的数量越多,政治系统的利益代表越分化。第二,立法部门形成与控制政策的能力越强,政治系统越具有开放性。第三,利益集团与行政部门的联系越松散和多元化,新的利益和诉求越有可能进入决策中心。

---

① Eisinger, P. , "The conditions of protest behavior in American cities", *The American Political Science Review*, 1973, 67(1), pp. 11-28.

② Kitschelt, H. , "Political opportunity structures and political protest: Anti-nuclear movements in four democracies", *British Journal of Political Science*, 1986, 16(1), pp. 57-85.

第四，聚合社会诉求的机制和程序越完善，政治系统的开放程度就越高。政策输出是指政治系统政策执行能力的强弱，受到以下三种因素的影响。第一，国家机构的集中程度越高，政策执行能力就越强。第二，政府对市场主体的控制能力越强，政府越有可能确保政策的有效实施。第三，司法机构在处理政治纠纷中的独立性和权威性越强，政府的政策执行越有可能遭遇阻滞。①

在此基础上，基瑟尔特对政治机会结构与社会运动间的关系提出了两个假设。第一，政治机会结构会影响社会运动所采用的行动策略。在政治系统开放且政策执行能力弱的情况下，社会运动更有可能采用同化策略，即通过制度化渠道进行诉求表达；在政治系统封闭且政策执行能力强的情况下，社会运动更有可能采用对抗策略，即通过非制度化的方式对当局施压。第二，政治机会结构会促进或阻碍社会运动所施加的影响。社会运动影响包括程序性影响、实质性影响和结构性影响。程序性影响是指当局是否愿意为抗议群体开辟新的参与渠道或承认其所代表的利益或诉求，这种影响主要取决于政治系统的开放程度和对新群体的接纳意愿。实质性影响是指当局是否顺应社会运动诉求而做出相应的政策改变。这种影响不仅需要开放的政治系统，还需要政府具有推动政策创新的执行能力。对政治系

---

① Kitschelt, H., "Political opportunity structures and political protest: Anti-nuclear movements in four democracies", *British Journal of Political Science*, 1986, 16(1), pp. 57-85.

统封闭但政府执行能力强的国家而言,社会运动可能推动有限范围的、精英主导的改革。实质性影响最不可能发生在政府执行能力弱的国家,不管这个国家的政治系统是开放的还是封闭的。结构性影响是指社会运动会反过来推动政治机会结构本身的变化。这种影响通常是由于社会运动不能推动程序性或实质性变革,从而只能扩大诉求范围,企图从根本上改变现有的政治系统。[①]

政治机会结构理论被广泛运用于对中国环境行动的考察。行政体系内部的分化为集体行动提供了重要的政治机会。[②] 在多层级治理体系下,中央政府负责政策的制定,地方政府负责政策的执行。在政策执行过程中,中央政府与地方政府的目标和动机可能存在差异。中央政府出于合法性与可持续发展的考量,致力于推进环境保护与污染防治。对地方官员而言,地方经济发展对他们的仕途和晋升更为重要。由于环境保护与经济发展之间存在内在张力,地方官员往往对环境保护采取宽松的态度,在一些情况下甚至不惜与污染企业合谋来应对上级政府的考核。在央地关系之外,不同职能部门对环境保护的态度也存在分化。比如,在怒江大坝的政策争议中,国家发改委、能源、水利等部门是怒江大坝建设的

① Kitschelt, H., "Political opportunity structures and political protest: Anti-nuclear movements in four democracies", *British Journal of Political Science*, 1986, 16(1), pp. 57-85.

② 参见 Lieberthal, K. & Oksenberg, M, *Policy making in China: Leaders, structures, and processes*, Princeton University Press, 1988。

主要推动者,而环境保护、地震、文物保护等部门则对怒江大坝的建设持保留意见。后者虽然处于决策系统的边缘地位,但通过与环保组织、媒体、公众等社会力量的联合,最终成功阻止了大坝的建设。①

后来的经验研究不断拓宽政治机会结构的内涵。石发勇对街区环保运动的研究发现,街区政府与上级职能部门之间的利益分化为城市业主行动提供了有力的政治环境。业主通过建立与政府官员之间的关系网络,得以有效利用政府内部的嫌隙推进集体行动的目标。街区政府极力推动辖区内的房地产开发项目,但这个项目违背了职能部门规章,侵占了原属市政规划的公共绿地,导致市规划局、市园林局等职能部门的权威受损,后者对街区政府亦有诸多不满。小区业主意识到并充分利用了这种嫌隙,得到了市规划局、市园林局等部门给予的有力帮助。一方面,同情维权行动的官员向业主提供了很多帮助和建议,使业主得以探知不同情况下政府容忍的边界,从而突破了集体行动的安全性困境。另一方面,上级政府部门的支持有助于加强业主行动的合法性。比如,市政府向维权业主授予"绿化卫士"的荣誉称号,使业主能够合法地组织护绿行动,而街区政府对此也有所忌惮。② 类似地,陈占江和包智明的研究发

---

① Mertha, A., "'Fragmented authoritarianism 2.0': Political pluralization in the Chinese policy process", *The China Quarterly*, 2009, 200, pp. 995-1012.

② 石发勇:《关系网络与当代中国基层社会运动——以一个街区环保运动个案为例》,《学海》2005 年第 3 期。

现,以发展主义为导向的经济制度和以社会稳定为导向的
政治制度构成集体行动的制约条件,从而导致不同历史时
期下底层民众选择不同的行动方式。① 童志锋的研究发现:
"依法治国"的话语为参与者提供了法律与政策武器;媒体
的开放促进了信息的流通,提供了更多可动员的社会资源;
分化的行政体系则有助于降低环境行动的风险,并为参与
者的关系运作提供了机会。②

　　市场化改革使中国媒体的格局逐渐出现分化,这种分
化为集体行动参与者提供了可供利用的资源。随着市场化
的改革,媒体不能再完全依赖行政拨款,而是需要通过创
收来谋求自身的生存与发展。这就意味着媒体的生产与运作
开始遵循市场的逻辑。在市场竞争的压力下,媒体需要积
极地为各种利益诉求开辟表达的空间,提高受众的关注度,
而这种关注度会进一步通过订阅或广告转化成收益。媒体
之间的竞争对公共议题的讨论提供了更为开放、多元的空
间。曾繁旭对圆明园铺设防渗膜争议事件的研究发现,不
同类型的媒体对事件的报道呈现分化的现象。③《人民日
报》立场保守,注重宣传,引用各级政府官员作为消息源,报
道中主要采用"信任政府""环境正义"等框架。《新京报》具

---

① 陈占江、包智明:《制度变迁、利益分化与农民环境抗争:以湖南省
　　X 市 Z 地区为个案》,《中央民族大学学报》(哲学社会科学版)
　　2013 年第 4 期。
② 童志锋:《政治机会结构变迁与农村集体行动的生成:基于环境抗
　　争的研究》,《理论月刊》2013 年第 3 期。
③ 曾繁旭:《社会的喉舌:中国城市报纸如何再现公共议题》,《新闻
　　与传播研究》2009 年第 3 期。

有明显的开放、煽情取向，刊登不同立场的专家和民众的意见，报道中主要采用"民族主义""环境正义"等框架。《南方周末》注重事实调查和理性分析，消息来源比较平衡，报道中主要采用"损害公共利益""程序正义"等框架。《中国环境报》直接服务于部门的利益，以环保局官员的发言为单一信息源，报道中主要采用"漠视环境权""环境正义"等框架。[①]

　　环境保护是媒体热衷于报道的一个议题。一方面，这是因为环境和健康问题与每个人都息息相关，容易引发公众的关注与共鸣；另一方面，环境保护相对而言并不属于敏感性话题，当局对相关报道的容忍度也较高。在这样的背景下，关于环境保护的媒体报道呈现日益增长的趋势。媒体对环境议题的报道倾向于采取民间的立场，这很大程度上是因为媒体与环保组织之间存在一种天然的联系。不少环保组织的领袖或成员在从事环保事业之前就是媒体记者，或者在从事环保工作时还兼具记者的身份，这种联系使环保组织与媒体之间的信息交换非常通畅。环保组织需要借助媒体扩大环境议题或事件的影响力，提升公众的环境意识，并吸引志同道合人士的加入。对媒体而言，环境议题或事件具有较高的社会关注度、戏剧性以及新闻价值，有助于拓宽并巩固自身的受众基础。[②] 在一些情况下，媒体还会

---

① 曾繁旭：《社会的喉舌：中国城市报纸如何再现公共议题》，《新闻与传播研究》2009 年第 3 期。

② Yang, G. & Calhoun, C. , "Media, civil society, and the rise of a green public sphere in China", *China Information*, 2007, 21(2), pp. 211-236.

主动扮演"调停者"的角色,在整合官方与民间框架的基础上提出一套诸如"民意与程序正义""技术风险与环境正义"等双方都能接受的框架,推动更为开放的官民互动与政策协商的空间,并最终影响环境行动的结果。①

随着中央政府对环境保护重视程度的不断提高,中央层面的绿色话语也被认为是推动中国环境行动的政治机会结构。郇庆治认为中国环境运动正面临前所未有的、有利的政治机会环境。这种有利性体现在三个方面:一是环境保护已成为国家新时期的发展政治共识或意识形态;二是国家法律制度框架有助于推动环保组织进一步开放和规范化;三是中央与地方政府之间的目标与利益交叉错位。② 然而,也有学者认为中央政府对生态文明的倡导更多是一种象征性意义,并不一定会转化成环境行动。中央政府在环境政策制定中存在冲突性、模糊性和象征性,地方官员将这类政策视为象征性政策,认为中央立法者并不真正在乎政策的具体实施效果,从而导致环境政策与执行之间的差距。③

（二）资源动员理论

资源动员理论认为,社会运动组织的资源动员能力对社会运动的产生与发展具有深远的影响。在资源动员理论

---

① 曾繁旭:《传统媒体作为调停者:框架整合与政策回应》,《新闻与传播研究》2013 年第 1 期。

② 郇庆治:《"政治机会结构"视角下的中国环境运动及其战略选择》,《南京工业大学学报》(社会科学版)2012 年第 4 期。

③ 参见冉冉:《中国地方环境政治:政策与执行之间的距离》,中央编译出版社 2015 年版。

提出之前,怨恨和信念被认为是社会运动发生的首要条件。结构性因素导致特定社会群体的利益被剥夺,这个群体对此感到愤怒和不满,并由此引发集体行动。[①] 后来有学者指出,怨恨和信念只是社会运动发生的必要条件,而非充分条件。一方面,怨恨在大部分时期、大部分社会都普遍存在,然而只有很少一部分的怨恨会转化为社会运动;另一方面,越来越多的社会运动参与者并非直接的利益被剥夺群体,而是无直接利益相关者,参与的动机主要是出于对特定议题的关心或对相关理念的支持。[②] 在此背景下,约翰·麦卡锡(John McCarthy)和梅耶·扎尔德(Mayer Zald)提出了资源动员理论。他们认为,资源(人力、金钱等)对社会运动而言至关重要,社会运动的发生取决于能否进行有效的资源集合。资源的集合需要组织和协调,因而社会运动组织在此过程中起到关键性的作用。为了维持社会运动组织的运作,需要广泛吸收社会运动所代表群体之外的个人与组织的支持,后者支持与否则取决于社会运动组织的表现能否满足他们的需求。换言之,社会运动组织对外部资源的动员能力很大程度上决定了社会运动的成败。[③]

---

① Morrison, D., "Some notes toward theory on relative deprivation, social Movements, and social change", *American Behavioral Scientist*, 1971, 14, pp. 675-690.

② 参见赵鼎新:《社会与政治运动讲义》,社会科学文献出版社2012年版,第二章。

③ McCarthy, J. & Zald, M., "Resource mobilization and social movements: A partial theory", *The American Journal of Sociology*, 1977, 82(6), pp. 1212-1241.

资源动员涉及社会运动组织与参与者、支持者、反对者、关心群体、受益群体、旁观者等多种类型的行动者之间的关系,这些行动者之间的复杂互动决定了社会运动组织的生存与发展。对此,麦卡锡和扎尔德提出了一系列理论假设。首先,随着公众可自由支配的资源总量的增加,投入社会运动中的资源也会随之增长。可支配资源是指可以被分配到社会运动这项活动中的时间和金钱。对大部分公众而言,支持社会运动的重要性低于维持日常生活的重要性,因而资源首先会被投入到食物、住房等基本物质需求当中。只有当这些基本需求被满足后,人们才会考虑将部分多余的资源用来支持社会运动。其次,随着被投入社会运动的资源总量的增加,会有新的社会运动组织兴起并争夺这些资源。社会运动代表的往往是弱势群体,掌握的资源非常有限,而大部分社会资源则掌握在非直接利益相关但关心特定议题的群体手中。通常而言,这个群体并不直接参与社会运动组织的日常事务,而是采用远程资金赞助等方式间接支持社会运动。然而,这种参与方式缺乏稳定性,关心群体是否会持续赞助很大程度上取决于社会运动组织的表现是否令人满意。由于并不直接参与日常事务,关心群体对社会运动组织表现的评判主要是基于社会运动组织对自身活动及其效果的宣传。在这种情况下,为了吸引持续的资源投入,社会运动组织需要将大量资源投入宣传工作当中。最后,社会运动组织获得的资源越多,就越需要专人对这些资源进行统筹和管理,从而就越有可能走向专业化。社会运动组织运用这些资源招募专职的组织领袖与工作团队,分别负责游说、财务、宣传、募资等事项。

随着募集到的资源的增加,专业团队的规模也会扩大。① 综上所述,资源动员理论强调资源可获得性、结构化议题偏好、专业化组织团队及创新性动员策略对社会运动的影响。

资源动员理论在中国的适用性是学界争论的一个焦点。有学者认为,西方社会以精英为主导、以专业化组织为特征的动员方式并不适用于中国的情况。根据西方社会运动的文献,金钱与时间的投入是集体行动面临的主要障碍,因而需要专业化的组织进行动员和协调。然而,对中国集体行动的研究发现,金钱和时间的投入对中国农民而言并不构成大的问题。一方面,中国农村是一个平均主义意识浓厚、邻里世代相处的熟人社会,这种社会形态以及与之相关的群体压力可以很大程度上解决集体行动的经济支持问题。另一方面,农村社会劳动力相对富裕、生活节奏缓慢,时间被认为是非常丰沛的资源。② 尽管如此,中国农民的集体行动却面临一种特殊的困境,即安全性困境。如何在寻求群体利益的同时最大限度地保障自身安全是大多数参与者的首要考量。③ 为了消解集体行动的安全性困境,参与者倾向于采用弱组织化的形式。④ 应星将中国底层群体的集

---

① McCarthy, J. & Zald, M., "Resource mobilization and social movements: A partial theory", *The American Journal of Sociology*, 1977, 82(6), pp. 1212-1241.

② 应星:《草根动员与农民群体利益的表达机制——四个个案的比较研究》,《社会学研究》2007年第2期。

③ 同上。

④ 李连江、欧博文:《当代中国农民的依法抗争》,载吴国光主编:《九七效应》,太平洋世纪研究所(香港),1997年。

体行动归结为草根动员,定义是"底层民众中对某些问题高度投入的积极分子自发地把周围具有同样利益,但却不如他们投入的人动员起来,加入群体利益表达行动的过程"①。草根动员有以下四个重要特征。第一,草根行动者作为底层群体利益代表具有两面性,在目标取向上他们代表的是底层的利益,而在行动逻辑上他们则更接近于精英的行动逻辑。第二,底层群体的利益表达方式具有权宜性,他们秉承实用主义精神,同时采用多种不同的利益表达方式。第三,底层群体的利益表达在组织上具有双重性。草根行动者的出现会增强行动的组织性,但总体而言,这种群体行动并不具有组织的正式形式。第四,底层群体的利益表达在政治上具有模糊性。这种群体行动具有一定的对抗属性,但又以贯彻国家的法律政策为基本宗旨。②

　　陈晓运对城市中产业主的研究也得出了类似的结论。为应对集体行动的安全性困境,业主主动采用"去组织化"的行动策略。这种策略主要有三个特征。第一,无领导有纪律。业主行动没有统一的领导核心、组织纲领、经费来源等组织化要素,然而在集体行动中却呈现出一套心照不宣的组织与协调方式。有些积极分子是行动联系的节点,负责发布信息和提供行动建议,其他参与者则根据自身特长

---

① 应星:《草根动员与农民群体利益的表达机制——四个个案的比较研究》,《社会学研究》2007年第2期,第4页。

② 应星:《草根动员与农民群体利益的表达机制——四个个案的比较研究》,《社会学研究》2007年第2期。

进行分工。第二,行动上自我定位。自我定位包括话语表达和行动策略两个方面。在话语表达上,业主采用"我只代表我自己"等个体化的话语作为参与集体行动的基本理据。在行动策略上,业主各自采用不同的诉求表达方式。第三,网络虚拟串联。小区论坛、QQ群等信息通信工具的发展为业主提供了信息沟通与交流的平台,降低了集体行动的信息传递与协调成本。①

也有学者认为中国集体行动的组织化程度在不断加强。于建嵘的研究发现,农民集体行动呈现出一系列组织化的特征。首先,有一定数量的精英参与。这些精英通常受过一定程度的教育、家庭比较富裕、有外出打工的经历、对国家的政策法律比较了解,从而能在集体行动中起到组织和领导的作用。其次,有比较合理的分工合作。虽然没有正式的组织形式,但成员之间客观上存在领导与被领导的关系。最后,具有比较完整的决策机制。参与者分头收集信息,定期举办会议对信息进行交流和分析,并在此基础上确定具体的行动方案。② 童志锋认为,环境行动的组织模式和网络关系并非静态,而是随着行动的发展而不断变化的。他对福建省P县的一起环境行动的研究发现,其组织模式经历了从无组织化到维权小组再到环境正义团体的发

---

① 陈晓运:《去组织化:业主集体行动的策略——以G市反对垃圾焚烧厂建设事件为例》,《公共管理学报》2012年第2期。
② 于建嵘:《当前农民维权活动的一个解释框架》,《社会学研究》2004年第2期。

展路径。随着组织模式的变化,环境行动网络也从最初的熟人关系网络扩展到中央媒体、专业法律援助组织、环保组织等多元化社会力量参与的网络。①

二、多元环境力量联结的形式与条件

如前所述,政治机会结构和资源动员理论大多以单个社会运动组织为分析单位,将不同的社会运动组织视为零散的、孤立的行动者。然而很多时候,不同类型的社会运动组织会参与到同一个社会运动当中,彼此之间相互联结,形成合力。考虑到大规模的参与人数与广泛的社会支持是社会运动施加影响的重要筹码,不同社会组织间的联合更有可能达成这样的一种社会影响力,从而推动社会运动目标的实现。② 在本章研究的昆明PX事件中,可以看到当地居民、地方性环保组织与全国性环保组织等多元环保力量之间的联结。在此背景下,我们有必要探究促进不同环保力量联结的形式与条件。

根据政治机会结构理论,政治环境通过提供机会或威

---

① 童志锋:《变动的环境组织模式与发展的环境运动网络——对福建省P县一起环境抗争运动的分析》,《南京工业大学学报》(社会科学版)2014年第1期。

② 参见 Koopmans, R., "The dynamics of protest waves: West Germany, 1965 to 1989", *American Sociological Review*, 1993, 58, pp. 637 - 658; Lipsky, M., *Protest in city politics: Rent strikes, housing and the power of the poor*, Rand McNally, 1970。

胁来影响社会运动组织间合作的成本与收益分析。① 与机会相比,意识到面临相同的威胁更有可能激发社会运动组织间的合作。在相对有利的政治环境下,社会运动组织认为自己有较大机会能够赢取单独胜利,因而并不需要与其他组织进行合作。然而,不利的政治环境却有可能威胁到社会运动组织的生存及组织目标的实现,从而推动不同社会运动组织克服阻力进行合作。② 可能的威胁包括不友好的社会政策、经济损失及其他与社会运动组织所代表的群体利益相违背的社会变迁。③ 共同的威胁固然为社会运动组织的联合提供了动因,然而能否成功联合还取决于不同的社会运动组织能否跨越联合过程中可能面临的各种阻碍。文化与价值观是否契合是影响社会运动组织联合的一

① Tilly, C. , *From mobilization to revolution*, Addison-Wesley, 1978; Tarrow, S. , *Power in movement: Social movements and contentious politics*, Cambridge University Press, 2011; McAdam, D. , *Political process and the development of black insurgency, 1930-1970*, University of Chicago Press, 1999; Meyer, D. & Corrigall-Brown, C. , "Coalitions and political context: U. S. movements against wars in Iraq", *Mobilization: An International Journal*, 2005, 10(3), pp. 327-346.

② McCammon, H. & Campbell, K. , "Allies on the road to victory: Coalition formation between the Suffragists and the Woman's Christian Temperance Union", *Mobilization*, 2002, 7, pp. 231-251.

③ Van Dyke, N. & Soule S. , "Structural social change and the mobilizing effect of threat: Explaining levels of patriot and militia mobilizing in the United States", *Social Problems*, 2002, 49, pp. 497-520.

个关键性因素。如果社会运动组织之间存在价值观上的分歧,彼此间互不认同,那就很难形成合作。① 对社会运动组织而言,参与与自身价值观相悖的联合行动可能反而会削弱组织内部的集体认同与团结基础。② 在这样的情况下,对本地社区的威胁有可能促使议题相近的社会运动组织形成联合,但要联合不同议题的社会运动组织则会比较困难。只有当面临一些超出本地社区的、更大范围的威胁时,争取不同议题的社会运动组织才可能突破价值观的冲突,在压力下实现合作。③

政治机会结构并非静态的,而是具有多样性和不稳定性。社会运动研究显示,集体行动对政治机会结构起到扩大或者压缩的效应。④ 参与者与当局之间的互动可能通过

---

① Gerhards, J. & Rucht, D. , "Mesomobilization: Organizing and framing in two protest campaigns in West Germany", *American Journal of Sociology*, 1992, 98, pp. 555-595.

② Arnold, G. , "Dilemmas of Feminist coalitions: Collective identity and strategic effectiveness in the Battered Women's Movement", in Ferree, M. & Martin, P. (eds.), *Feminist Organizations*, Temple University Press, 1995, pp. 276 - 305; Diaz Veizades, J. & Chang E. , "Building cross-cultural coalitions: A case-study of the Black-Korean Alliance and the Latino-Black Roundtable", *Ethnic and Racial Studies*, 1996, 19, pp. 680-700.

③ Van Dyke, N. , "Crossing movement boundaries: Factors that facilitate coalition protest by American College Students, 1930 - 1990", *Social Problems*, 2003, 50(2), pp. 226-250.

④ Tarrow, S. , *Power in movement: Social movements and contentious politics*, Cambridge University Press, 2011.

吸引媒体等潜在盟友、揭露精英间的分化、提升行动可见度等途径影响与改变政治机会结构。① 此外，政策企业家会根据国家发出的信号或受到一些特定事件的激发来决定何时行动以及如何行动。② 考虑到政治机会结构的多样性和可感知性，参与者会根据情况的发展采用新的行动策略，而这些策略反过来又会塑造后续的政治机会结构。通过这种方式，政治机会结构与集体行动之间处于相互影响与形塑的关系之中。

资源动员理论显示，社会运动组织之间具有竞争性关系，对参与者、有经验的领袖、活动资金等稀缺资源展开竞争。因而在资源紧张的情况下，社会运动组织之间不太可能形成合作。③ 后来的研究指出，社会运动组织间的竞争固然存在，但在一些情况下也有可能突破竞争、实现合作。首先，资源竞争主要存在于议题相近的社会运动组织之间，但

---

① Zeng, F. & Huang, Y., "The media and urban contention in China: A co-empowerment model", *Chinese Journal of Communication*, 2015, 8(3), pp. 233-252; Yang, Y., "How large-scale protests Succeed in China: The story of issue opportunity structure, social media, and violence", *International Journal of Communication*, 2016, 10, pp. 2895-2914.

② Meyer, D. & Minkoff, D., "Conceptualizing political opportunity", *Social Forces*, 2004, 82(4), pp. 1457-1492; Alimi, E., "Constructing political opportunity: 1987—The Palestinian year of discontent", *Mobilization: An International Quarterly*, 2006, 11(1), pp. 67-80.

③ Staggenborg, S., "Coalition work in the Pro-Choice Movement: Organizational and environmental opportunities and obstacles", *Social Problems*, 1986, 33, pp. 374-390.

对针对不同社会群体与议题的社会运动组织而言影响并不大。换言之,争取不同议题的社会运动组织在特定的威胁或压力下参与短期的联合行动并不会受到资源竞争的制约。① 其次,社会运动组织是否会形成合作不仅仅取决于资源竞争性,同时也取决于联合行动是否有助于组织目标的实现。相比于目标明确、单议题的社会运动组织,目标弹性、跨越多个议题的社会运动组织更有可能与其他社会运动组织形成联合行动,并与其他社会运动组织建立个人间及组织间的关系网络。这些关系网络有助于提升社会运动组织间的信任与团结,进而推动后续的组织间合作。②

社会运动联盟理论有助于我们理解中国环境力量之间的联结。③ 经验案例显示,中国环境力量之间的联结主要包括两种形式:社区居民与地方性环保组织之间的联结;地方性与全国性环保组织之间的联结。多元环境力量之间能否联结很大程度上取决于环境领域的结构化的政治机会。④ 在中

---

① Minkoff, D., "The sequencing of social movements", *American Sociological Review*, 1997, 62, pp. 779-799.

② Klatch, R., *A generation divided: The new left, the new right, and the 1960s*, University of California Press, 1999; Van Dyke, N., "Crossing movement boundaries: Factors that facilitate coalition protest by American college students, 1930-1990", *Social Problems*, 2003, 50(2), pp. 226-250.

③ Van Dyke, N. & McCammon, H. (eds.), *Strategic alliances: Coalition building and social movements*, University of Minnesota Press, 2010.

④ Meyer, D. & Minkoff, D., "Conceptualizing political opportunity", *Social Forces*, 2004, 82(4), pp. 1457-1492.

国,全国性环保组织通常比地方性环保组织享有更多的行动自由。在多层级治理体系下,中央与地方政府间存在权力分化,中央政府需要借助环保组织来揭露地方政府的不当行为,从而给予全国性环保组织相对宽松的行动空间。① 地方性环保组织由于注册登记等方面的约束而受制于地方政府。② 有研究表明,地方性环保组织和地方政府处于一种条件性共生关系中,即地方政府需要借助环保组织减轻公共服务与福利供给的压力,然而这些组织一旦被认为政治上可疑,地方政府就会立刻终止这种合作关系。③ 换句话说,地方政府的态度是地方性环保组织面临的一大制约。④ 在这种情况下,

---

① 参见 Mertha, A. , "'Fragmented authoritarianism 2. 0': Political pluralization in the Chinese policy process", *The China Quarterly*, 2009, 200, pp. 955-1012; Ho, P. & Edmonds, R. (eds.), *China's embedded activism: Opportunities and constraints of a social movement*, Routledge, 2008。

② 我国的社会组织实行双重管理审批登记制度,即社会组织成立需要经过业务主管部门和登记管理机关的审批,此后每年需要接受这两个部门的审核。如果被认为不符合相关的法律规范,社会组织可能面临年检不通过,从而丧失组织的合法性。

③ Spires, A. , "Contingent symbiosis and civil society in an authoritarian state: Understanding the survival of China's grassroots NGOs", *American Journal of Sociology*, 2011, 117(1), pp. 1-45.

④ Wang, J. & Connell, J. , "Green Watershed in Yunnan: A multi-scalar analysis of environmental non-governmental organisation (eNGO) relationships in China", *Australian Geographer*, 2016, 47(2), pp. 215-232; Teets, J. , "The evolution of civil society in Yunnan province: Contending models of civil society management in China", *Journal of Contemporary China*, 2015, 24(91), pp. 158-175.

与全国性环保组织联合有助于冲突事件超越地方的限制，成为全国性焦点议题。公众对事件的关注不仅能展现环境议题所获得的社会支持，还有可能引发中央政府介入，从而迫使地方政府改变决策。

除了环境领域的政治机会结构之外，环保组织及个人间的关系网络也是促进多元环境力量联结的关键因素。[①] 中国并不存在西方那种伞盖型的社会运动组织，环保组织之间的联系很大程度上依赖于个人化的关系网络。在昆明反 PX 行动案例中，不同类型环保组织的联合主要归功于环境行动发生前就已存在的环保人士之间的关系网络。云南作为中国环保组织的摇篮，培育了一大批从事环保工作的精英人士。这些精英人士后来陆续到各地从事环境保护工作，并一直与云南环保组织间保持紧密的联系。这也是为什么昆明 PX 事件发生后，位于北京的环保组织能够迅速介入事件并与当地环保组织开展联合行动的原因。

从政治机会结构和资源动员理论出发，本章将对中国多元环境力量间联结的形式与条件进行深入考察。笔者选取昆明 PX 事件为研究案例。与其他居民自发的、快起快落的环境行动不同，昆明 PX 事件中环境行动持续了较长一段时间，且其组织与动员方式随着事件的发展而发生动态变

---

① Diani, M.，"Leaders' or brokers? Positions and influence in social movement networks", in Diani, M. & McAdam, D. (eds.), *Social movements and networks: Relational approaches to collective action*, Oxford University Press，2003.

化。事件最开始是由居民自主发起的,从论坛、微博上对炼油项目的关注与讨论逐渐演变为举着横幅走上街头。居民的抵制行动迫使地方政府转变态度,开始寻求与居民的沟通与对话,这一转变为后来环保组织的参与打开了政治机会的窗口。昆明当地环保组织首先参与其中,对炼油项目的选址与审批过程展开调查,并在此过程中与全国性环保组织取得联系。全国性环保组织的介入进一步扩大了反PX行动的社会影响力,通过联系媒体报道、召开新闻发布会等方式使事件获得了更加广泛的关注。这个案例展示了多元环境力量联结的一种可能性。

三、家乡情结:居民自发的环保行动

2008年,中石油计划在云南省安宁市草铺镇工业园建设一座千万吨炼油厂。炼油项目的选址、拆迁等准备工作主要由中石油与地方政府共同推进。2013年年初,千万吨炼油项目获得了国家发改委的正式批复,开始进入公众视野。当地居民纷纷通过论坛、微博等网络平台表达对炼油项目的担忧。虽然炼油项目位于安宁市,但环保行动的参与者主要是昆明市民。昆明市距炼油厂选址仅40公里,且处于炼油厂的下风口,被认为是PX污染的主要影响区域。由于中石油是一家巨型央企,行政级别很高,居民担心地方政府没有能力对其实施有效监管,从而增加炼油厂的营运风险。5月4日,超过3 000名市民走上街头,反对炼油项目的选址决策。大规模的环保行动引起了国内外媒体对事件的关注。《人民日报》还专门发文敦促地方政府与市民开展有效沟通。①

　　5月4日行动之后,昆明市政府转变态度,采取了一系列科普宣传与沟通措施,包括召开新闻发布会与民意座谈会、安排实地考察、邀请企业管理人员介绍炼油厂生产与减排流程等。然而,这些举措并没有打消公众对项目选址决策的质疑。"绿色昆明"在其官网上发表了一篇名为《以技术和政策角度看石化项目》的文章,从专业技术的角度对安宁炼油项目的选址过程、审批程序、污染排放、公众参与等方面提出了质疑。与此同时,虽然中石油承诺会减少污染排放并增加环保投资,当地政府也表示会通过减少小型化工企业的排放来控制城市的污染总量,但市民认为无论是增加环保投资还是关停小型化工企业都意味着巨大的成本压力,一旦炼油项目正式投入运营,中石油未必会履行相关承诺。

　　5月10日,云南网为了解公众对安宁炼油项目的看法和态度,开展了线上与线下问卷调查。线下调查主要针对本地居民,共发放了 400 份调查问卷。调查显示,有 67.75% 的昆明市民表示"坚决不能上 PX 项目",但仅有 6.25% 的市民认为自己的意见能够影响政府决策。此外,云南网还在官方微博上发起网络问卷,共收到 33 102 份有

---

① 金苍:《用什么终结"一闹就停"困局》,《人民日报》,2013 年 5 月 8 日,第 5 版。

效答卷,其中有 96.42％的网民认为"坚决不能建设 PX 项目"。① 市民和网友主要从以下几个方面表达了对安宁炼油项目的质疑。第一,信息公开。政府应当向市民告知安宁炼油项目对昆明究竟会有怎样的环境影响？厂方会采取哪些措施确保环境不受破坏？万一发生有害气体泄漏事故,对当地环境和市民健康最坏的影响可能是什么？ 第二,项目选址。千万吨炼油项目可以分布在不同地区,即使造成污染也不至于超过环境自身的净化能力。同时,项目选址应当远离市区、居住区等人口密集区域。第三,干旱问题。云南近年来旱情非常严重,昆明是全国 14 个最缺水的城市之一,而炼油项目需要消耗大量的水,势必会加重昆明的缺水问题。第四,政府应当公开炼油项目环境影响评价报告,结合云南的生态环境、水源情况等说明云南是否符合发展此类大型工业项目的条件。②

政府未能有效回应市民提出的种种质疑。5 月 16 日,逾 1 000 名市民于老省政府门口聚集,再次走上街头表达不满。昆明市市长承诺公开炼油项目的环境影响评价报告,并于次日中午前开通新浪微博,与网友进行对话。

---

① 《微博问卷显示 96.42％昆明网友坚决反对 PX 项目》(2013 年 5 月 11 日),搜狐网,http://news.sohu.com/20130511/n375565834.shtml,最后浏览日期:2015 年 8 月 25 日。
② 同上。

四、事件调查:地方性环保组织的参与

　　两次大规模的居民行动迫使地方政府转变态度。居民行动之前,当地环保组织基本上处于谨慎观望的状态,最多从技术与政策的角度对项目选址情况进行分析。然而,居民对炼油项目的强烈反对意味着政府不能够再一意孤行,而是需要缓解事态的发展,与居民就选址问题展开沟通。环保组织作为中立的第三方,是政府与居民沟通的最佳桥梁。在此背景下,当地环保组织得以以调停者的角色参与其中。第一个有利的转折点发生于炼油项目环境影响评价报告的公开发布。时任市长在第二次居民行动中承诺公开炼油项目环境影响评价报告。2013 年 6 月,这份报告终于被公之于众。环境影响评价报告是对大型工业项目可能产生的环境影响的权威性评估,包含参与环境影响评价的机构/部门、调研数据、科学推论、法律依据等关键信息,为环保组织了解与分析炼油项目可能产生的环境影响提供了重要的基础。安宁炼油项目环境影响评价报告公开后不久,"绿色昆明"在网站上发表了一篇名为《对石化项目公开的部分环评的部分解读》的文章,从减排计划、选址标准、空气质量标准、空气污染和配套项目等方面对炼油项目提出质疑。文章指出,环境保护部(现生态环境部)在《关于中国石油云南 1 000 万吨/年炼油项目环境影响报告书的批复》中规定,通过区域削减腾出环境容量是项目建设的前提条件,

然而昆明市政府在腾挪环境容量方面进展缓慢,并不符合环境保护部的规定。

此外,通过对环境影响评价报告的深入研读,当地环保组织发现安宁炼油项目的审批过程可能存在程序性缺陷,由此开始对项目审批过程展开调查。大型建设项目的环境影响评价报告需经过省国土资源厅(现自然资源厅)、住房和城乡建设厅、水利厅等多个职能部门的审批,不同职能部门在项目环境影响评价过程中的角色与作用也各不相同。从 7 月开始,"绿河流域"先后拜访了 30 多个政府部门,要求这些部门进一步披露与炼油项目环境影响评价相关的信息。当时党中央正在开展党的群众路线教育实践活动,要求各级党员干部提高群众工作能力、密切党群干群关系。① 在这样的背景下,这些部门都比较合作,提供了一些相关信息。正是这些信息暴露出一些政府部门不作为的情况。例如,云南省地震局的职责是对炼油项目可能引发的地震风险进行评估并提出相应的预防措施,但该部门在环境影响评价报告中所写的专业意见仅仅是"不反对"。在对话过程中,地震局官员表示,个别省领导在决定启动安宁炼油项目后,就召集了所有相关部门的负责人开会,要求他们"关照"这个项目。面对上级的压力,即使与专业评估可能

---

① 《照镜子正衣冠 洗洗澡治治病》(2013 年 4 月 20 日),新浪网,https://news.sina.com.cn/c/2013-04-20/085926885822.shtml,最后浏览日期:2015 年 10 月 20 日。

存在冲突,也不得不批准该项目。①

这些调查结果促使"绿色流域"决定采取法律途径向政府部门施压,使其撤销对炼油项目的审批。通过私人关系,"绿色流域"获得了环保公益律师谢先生的支持。接下来的一步,也是最困难的一步,是找到符合条件的原告。因为根据法律规定,原告必须与案件有直接的利益相关性。正如"绿色流域"的一位工作人员所说:

> 环保组织不具备原告的行政诉讼资格。只有那些利益受到特定政府行为影响的市民才能提起行政诉讼。我们找到了一位住在安宁的朋友罗女士,并说服她成为主要原告,另外还有三名环保组织的工作人员恰好是昆明市民。这四名市民共同对政府不作为和渎职行为提起诉讼。②

四名昆明市民首先向云南省人民政府法制办公室提交了行政复议申请书,申请书从以下三个方面指出了安宁炼油项目的违法违规行为:第一,炼油项目环境影响评价报告没有任何公众参与的篇章,不符合相关程序;第二,云南省住房和城乡建设厅为中石油安宁炼油项目发放的选址意见书仅适用于国有土地使用权无偿划拨的建设项目,而安宁炼油项目纯属商业经营,不符合用地性质;第三,安宁炼油

---

① 资料来源:笔者于 2015 年 7 月对"绿色流域"工作人员的访谈。
② 同上。

项目选址规划没有获得省政府的批准,而是云南省工业和信息化委员会(现云南省工业和信息化厅)超越行政职权,以备案代替省政府的审批,不能成为项目选址的依据。① 行政复议申请被云南省人民政府法制办公室驳回。谢律师就转而采用行政诉讼,诉讼对象包括云南省人民政府、云南省住房和城乡建设厅、国家环境保护部(现生态环境部)等多个政府部门。然而,大多数的行政诉讼都被法院拒绝受理,少数被接受的案件也由于法律程序上的种种难点而以败诉告终。例如,针对环境保护部的行政诉讼案件最终被北京市第一中级人民法院驳回,理由是原告罗女士的住址离炼油项目施工现场超过 10 公里,不属于规定的保护范围。谢律师对法院的裁决感到很沮丧:

> 我们很难联系到住在施工现场附近的村民。一方面,我们与他们没有任何社会关系。另一方面,与村民建立互信也很困难,因为他们受到的压力非常大……但是,法院根据这样一个不那么重要的理由就撤销诉讼其实是不公平的,完全没有考虑我们提出的所有的程序问题。②

---

① 《中石油安宁千万吨炼油项目环评报告被指缺乏公众参与》(2013 年 8 月 26 日),一财网,https://www. yicai. com/news/2964175. html,最后浏览日期:2015 年 10 月 20 日。
② 资料来源:笔者于 2014 年 12 月对谢律师的访谈。

五、舆论营销:全国性环保组织的推动

作为一个偏远的内陆省份,云南对商业投资的吸引力有限,经济发展相对落后。与此同时,云南又是一个含高原、山川、森林、湖泊等多样化生态系统的区域,环境优美而又相当脆弱,亟须人们的保护。这些因素为国际非政府组织的成立与发展提供了有利的政治与社会环境。云南省各级政府迫切需要国际组织提供资金、环境保护与社会服务,这就使不少有国际背景的环保组织得以在云南注册成立,并在当地开展环境教育、环境宣传、环保实践等各类活动。这个过程培养了一批具有环保理念和专业知识的环保工作者,他们积累经验后前往其他城市继续开展环境保护工作。从这个意义上说,云南成了中国环保人士的摇篮。[①]

正是由于这样的背景,不少在北京工作的环保人士一直与云南省内的环保人士保持密切的联系,这种联系为环境行动的跨组织合作提供了基础。当昆明反 PX 行动爆发时,位于北京的环保组织迅速与当地合作伙伴取得联系,并提出联合行动的建议。后来成为环保联盟领袖的刘先生当时在全国最具影响力的环保组织中工作。作为云南人,刘先生对家乡怀有深厚的感情,对家乡发生的反 PX 行动也非

---

① Teets, J., "The evolution of civil society in Yunnan province: Contending models of civil society management in China", *Journal of Contemporary China*, 2015, 24(91), pp. 158-175.

常关注。正是刘先生将谢律师介绍给"绿色流域"，协助他们开展法律诉讼事务。谢律师也是云南人，之前还在云南工作了很长一段时间，也很乐意提供帮助。就这样，借助安宁炼油项目的契机，云南当地的环保组织与全国性环保力量之间形成了一个非正式环保联盟。

环保联盟首先对 PX 化工厂的环境影响展开调查，以期为昆明炼油项目的选址争议提供更多可供参考的证据。"绿色流域"首先前往甘肃省兰州市一个最早建设、规模最大的炼油化工基地进行调查，结果发现炼油项目不仅给当地带来了严重的环境污染，还对社区生态和居民生活造成了重大的破坏。"绿色流域"的一位工作人员回忆道：

> 土地受到严重污染。只有老人和女人还留在那里。年轻人离开是因为他们无法承受(污染)。现在当地最活跃的是黑社会，他们每天偷油然后倒卖给经销商。①

2013 年 11 月 22 日，山东省青岛市一家炼油厂发生爆炸，造成 63 人死亡、156 人受伤，胶州湾受到大规模的污染。刘先生随即将青岛炼油厂的爆炸事故与安宁炼油项目联系起来，发现安宁炼油项目的环境影响评价报告是由中石油青岛化工有限责任公司下属的一家环保公司承接的，其可信度显然由于爆炸事故而受到严重影响。进一步调查表明，安宁炼油项目的环境影响评价报告并未对爆炸情况下的污染风险进行评估，也没有提出任何应急预案。

---

① 资料来源：笔者于 2015 年 7 月对"绿色流域"工作人员的访谈。

兰州的调查结果和青岛的爆炸事故促使环保联盟决定对全国范围内一系列 PX 化工项目进行彻底调查。受"自然之友""自然大学"和"公众环境研究中心"三家机构的委托，"绿色流域"对中国多个城市的石油化工项目进行实地调研，特别关注中石油和中石化这两大炼油巨头所造成的环境风险。四个月后，"绿色流域"公布调研报告，其主要结论是：与 PX 相关的环境冲突主要来源于政府与民众之间缺乏沟通而产生的不信任。后来，中国社会科学院在《慈善蓝皮书：中国慈善发展报告(2014)》中引用了四家环保组织的调查结果，认为安宁炼油项目的审批和决策过程中存在决策不透明、上下位规划指导关系颠倒、缺省规划环评程序、违规划拨土地、环境标准舍高就低、腾挪环境容量"创造"上马条件等严重的违法违规行为。① 这项权威报告的发布进一步提高了环保组织和居民行动的合法性。

此外，环保联盟还借助媒体的力量扩大昆明反 PX 行动的社会影响力。环保组织与媒体之间存在密切的联系，媒体需要环保组织提供新闻素材，而环保组织则需要通过媒体吸引公众的关注与支持。环保联盟借着向环境保护部提交行政复议的机会，提前联系了一些媒体朋友到场见证，之后新浪网、凤凰网等多家媒体都对此事进行了报道。

---

① 《社科院：云南炼化项目审批和决策存在暗箱操作》(2014 年 5 月 16 日)，一财网，http://finance. sina. com. cn/chanjing/gsnews/20140516/122419132485. shtml，最后浏览日期：2015 年 10 月 20 日。

2014 年 8 月 27 日，"自然之友"与"自然大学"在北京联合举办了一个名为"我关心！昆明"的新闻发布会，试图引起公众对昆明反 PX 行动的关注。在发布会上，环保联盟采取了一系列行动。首先，环保联盟发布了一封致中石油的公开信，敦促该企业停止非法建设。公开信指出，中石油的安宁炼油项目在公众参与、环境影响评价、选址、土地用途、环境容量、区域规划等方面存在程序性缺陷。其次，环保联盟宣布已向云南省人民政府法制办公室提交了关于炼油项目规划与选址的行政复议申请。最后，环保联盟呼吁更多公众参与这项活动，将照片、视频、意见和建议等上传到网站，由环保联盟整理后统一转发给政府相关部门。新闻发布会成功引起了公众的广泛关注，有效提升了昆明反 PX 行动的社会影响力。

2015 年 3 月，有媒体报道中石油秘密扩大了安宁炼油项目的生产规模。同年 4 月，环境保护部派调查组到安宁进行调查，发现不仅炼油项目的产能从 1 000 万吨/年扩大到 1 300 万吨/年，而且厂区结构和工艺流程都进行了较大幅度的调整，增加了污染密集型的炼油设备，显著地提高了对周围环境的污染风险。然而，这些变化都没有通过任何审批程序，可以说是未批先建。[1] 媒体曝光之后，中石油迅速公布了扩建项目的环境影响评价报告并开展公众意见征询。由于害怕公众舆论再次被操纵，"绿色昆明"通过微信

---

① 刘伊曼:《中石油云南项目未批先改扩建:赌环保部不会叫停》，《南方都市报》，2015 年 3 月 25 日。

发起网络问卷,旨在了解公众对扩建项目的态度。网络问卷收到了 11 584 份回复,其中 95％以上的受访者表示反对项目的扩建计划。"绿色昆明"将问卷调查结果转交给了环境保护部和中共中央纪律检查委员会。[①] 6 月 18 日,环境保护部发布了对中石油的处罚决定。在此期间,中石油有权申请听证会,但该公司并没有这样做。2015 年 8 月 25 日,环境保护部叫停了中石油在云南安宁的炼油项目,并对企业处以 20 万元的罚款。[②] 环保联盟公开对环境保护部的决定表示支持,并敦促政府进一步调查中石油可能涉及的违法行为。与此同时,中石油安宁炼油项目仍在持续运行。

---

① "绿色昆明"内部资料。
② 《环保部叫停中石油云南石化项目 环评文件需重新审批》(2015 年 8 月 31 日),界面新闻网,http://www.jiemian.com/article/368403.html,最后浏览日期:2015 年 10 月 20 日。

第五章
政府回应与环境行动结果

从 2007 年厦门 PX 事件开始,广州番禺垃圾焚烧事件、北京阿苏卫垃圾焚烧事件、宁波 PX 事件、彭州 PX 事件、昆明 PX 事件、茂名 PX 事件、江门反核事件等频频发生,标示着中国城市环境行动的兴起。厦门 PX 事件是第一起具有全国性影响的环境行动,最终地方政府满足了居民的诉求,取消了 PX 项目在厦门的建设计划并将其迁往漳州。这起事件对后来的环境行动具有示范性作用,有相当一部分以反对污染性设施选址为目标的环境行动最终都以地方政府妥协告终。国务院发展研究中心梳理了 2003—2016 年96 起具有典型意义的邻避事件,发现其中近三分之一项目停建或停产。单就 2016 年而言,"一闹就停"的情况占一半

以上。① 其中,广州番禺垃圾焚烧项目迁址重建,宁波 PX
项目、茂名 PX 项目、江门核燃料厂项目等则被永久搁置。
与此同时,也有不少环境行动虽然声势浩大,却未能实现其
行动目标。比如,昆明反 PX 行动得到了环保组织、环境公
益律师、研究机构等多方支持,采取了上街示威、行政复议、
行政诉讼、网络倡议等一系列行动策略,获得了媒体与公众
的广泛支持,但这些压力都没能阻止这个千万吨炼油项目
的建设。类似地,北京阿苏卫垃圾焚烧项目虽然在居民与
媒体的双重压力下暂停了一段时间,但最终政府依然决定
重启项目并在原址建成投产。在这样的背景下,本章试图
理解为何环境行动会产生不同的结果? 哪些条件和因素会
影响环境行动的成败?

一、集体行动结果的界定与影响因素

(一)集体行动结果的界定

受社会运动理论的影响,研究者倾向于用社会运动动
员的要素来解释社会运动的结果,包括政治机会结构、组织
与资源、框架化等。但事实上,影响社会运动动员的要素与
影响其结果的要素是不同的。成员招募、资金筹集、集体认
同培育等动员过程属于社会运动组织的内部运作,是社会

① 李佐军、陈健鹏、杜倩倩:《城镇化过程中邻避事件的特征、影响及
对策——基于对全国 96 件典型邻避事件的分析》,《国务院发展
研究中心调查研究报告(专刊)》2016 年第 42 期。

运动组织可以掌控的。一般而言，社会运动组织的规模越大、资源越充沛、结构越完善，其社会动员能力就越强。然而，社会运动的结果却远非社会运动组织可以掌控的。回应还是不回应社会运动的诉求主要取决于政治官员、立法团体、行政人员等体制内人士做出的政治决定。也就是说，社会运动动员与其结果之间并不一定存在直接的联系。研究者对社会运动是否能够引发政治变迁这个问题存在争论。有些学者认为，总体而言，社会运动是有效果的，能够解释大部分的政治变迁。① 另一些学者则认为，社会运动对政治变迁的作用非常有限。② 保罗·伯斯坦（Paul Burstein)和艾普尔·林顿(April Linton)的研究指出，政府实际上由政党所控制，政党在决定公共资源分配的过程中，首要考虑的是政党派系、选举、公众舆论等要素；而社会运动代表的往往是处于边缘地位的弱势群体利益，这部分群体对政党决策的影响力非常微弱。③

---

① 参见 Piven，F.，*Challenging authority: How ordinary people change America*，Rowman & Littlefield，2006。

② 参见 Skocpol，T.，*Diminished democracy: From membership to management in American civic life*，University of Oklahoma Press，2003；Giugni，M.，"Useless protest? A time-series analysis of the policy outcomes of ecology, antinuclear, and peace movements in the United States, 1977 - 1995"，*Mobilization*，2007，12，pp. 53-77。

③ Burstein，P. & Linton，A.，"The impact of political parties, interest groups, and social movement organizations on public policy: Some recent evidence and theoretical concerns"，*Social Forces*，2002，81(2)，pp. 381-408。

　　要判断社会运动到底有没有用,我们首先需要定义社会运动结果。该领域中最广为人知的研究来自威廉·甘姆森(William Gamson)。甘姆森认为,社会运动结果包含两个维度:一是被接受度,即挑战者是否被现有体制接纳作为特定利益的代言人;二是新的获益,即挑战者是否通过社会运动获取其所声张的利益。① 对甘姆森而言,新的获益是指社会运动组织大体上实现了其目标诉求。然而,这个定义仅适用于社会运动只有单一目标的情况。在另一些情况下,社会运动可能同时有多个目标,而其中只有部分目标得以实现,那就很难判断这场社会运动究竟是成功还是失败。此外,还有可能面临的一种情况是,挑战者并没有实现其所声张的目标诉求,却通过社会运动为其所代表的群体争取到其他实质性的新的获益。根据甘姆森的定义,这场社会运动应当被认为是失败的,然而其实际上却可能引发深远的社会变迁。

　　后来的研究者试图从不同角度对甘姆森的定义进行完善与拓展。埃德温·阿曼塔(Edwin Amenta)等人将社会运动结果分为三个层次。第一个层次是指通过对现有政治过程的结构性、系统性改革为特定社会群体争取长远的、持续的政治回报,比如,为特定群体赢得投票权或成立一个新的政党。第二个层次是指通过改变现有政策为特定社会群体争取集体性收益。政策制定过程包括议程设置、文本拟定、

---

① 参见 Gamson W. , *The strategy of social protest* (second edition), Wadsworth, 1990。

政策通过和政策实施等环节,社会运动可以从不同环节入手寻求政策的改变。一方面,社会运动组织能通过组织集体行动、提高社会影响力将其目标诉求推上政策议程。一旦进入政策议程,目标实现的可能性就会显著提高。另一方面,社会运动组织能通过对议员施压、影响其投票决定来推动特定的政策变迁。第三个层次是指挑战者通过选举或任命的方式获得政府职位,进入体制内为其所代表的群体发声。①

　　社会运动除了挑战者所声张的明确的、直接的效果之外,还会产生长期的、间接的、非预期的社会影响。蒂利指出,社会运动的大部分影响难以简单地用成功或失败进行衡量,同时来自第三方的行动也会对社会运动产生影响。蒂利认为社会运动结果受到三组变量的影响:第一组变量是社会运动声张的目标诉求;第二组变量是集体行动产生的结果;第三组变量是外部事件或行动产生的影响。根据这三组变量,四种不同的情况得以区分(见图5.1)。只有当集体行动直接促成社会运动目标的实现,我们才能讨论社会运动的成与败(A部分)。然而,总有部分社会运动目标是由集体行动和外部影响共同促成的(B部分)。在一些情况下,社会运动目标的实现完全依赖于外部事件或行动(C部分)。当然,还有一种情况是集体行动与外部影响

---

① Amenta, E., Caren, N., Chiarello, E. & Su, Y., "The political consequences of social movements", *Annual Review of Sociology*, 2010, 36, pp. 287-307.

的联合效应并不影响集体行动的目标诉求(D部分)。①

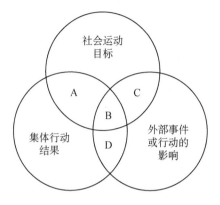

图5.1　社会运动结果的界定

资料来源: Tilly C. ，"From interactions to outcomes in social movements", in Giugni, M. , McAdam, D. &. Tilly, C. （eds. ），*From contention to democracy*，Rowman &. Littlefield, 1998, 转引自 Giugni, M. , "Was it worth the effort? The outcomes and consequences of social movements", *Annual Review of Sociology*, 1998, 24, p. 388。

(二) 集体行动结果的影响因素

接下来的问题是,集体行动的结果受哪些条件和因素的影响? 虽然研究者对这些条件和因素有不同的分类方法,但大体而言,可以从内部动员与外部环境两个方面来理解社会运动的成与败。

---

①　Tilly C. , "From interactions to outcomes in social movements", in Giugni, M. , McAdam, D. &. Tilly, C. （eds. ），*From contention to democracy*，Rowman &. Littlefield，1998，转引自 Giugni，M. , "Was it worth the effort? The outcomes and consequences of social movements"， *Annual Review of Sociology*，1998，24，p. 388。

从资源动员理论出发，研究者认为社会运动的组织化程度(如组织规模、稳定性、领导力、专业化程度等)与政府回应性之间存在因果关系。动员相当数量的成员和资源确实能为社会运动提供政治影响力，而这种影响力的持续施加则依赖于社会运动组织的生存与发展。基于此，研究者从组织特征的角度考察社会运动动员与其影响之间的关系。甘姆森对1800—1945年的53个社会运动组织的研究发现，社会运动的组织化特征能够解释其行动的成败。具体结论如下：第一，声张单一议题的社会运动组织比声张多个议题的组织更有可能获得成功；第二，使用选择性激励的社会运动组织比不使用的组织更有可能成功；第三，采用破坏性策略的社会运动组织比不采用的组织更有可能获得成功；第四，官僚化程度高、权力集中、没有派系之争的社会运动组织更有可能实现组织目标。[①] 肯尼斯·安德鲁(Kenneth Andrews)的研究表明，多样化的领袖、复杂的领导架构、数量众多的组织、非正式的社会关系及来自成员的资源支持有助于推动与社会运动目标相关的政策变迁。[②]

在组织特征之外，行动策略的选择也被认为是社会运动能否获得成功的一个关键要素。其中主要的争议在于采用具有破坏性的行动策略甚至暴力是否有助于社会运动获

[①] 参见 Gamson W., *The strategy of social protest* (second edition)，Wadsworth，1990。

[②] 参见 Andrews，K., *Freedom is a constant struggle: The Mississippi Civil Rights Movement and its legacy*，University of Chicago Press，2004。

得当局的积极回应。部分研究者认为,破坏性行动策略有
助于社会运动获得成功。因为社会运动代表的通常是处于
社会边缘地位的弱势群体,缺乏政治与经济资本,他们只能
通过破坏公共秩序向精英传递一个信号,即,如果不与他们
进行谈判,精英本身的既得利益可能会受到威胁。例如,麦
克亚当的研究发现,在缺乏制度化权力的情况下,挑战者只
能通过不断创新行动策略对当局施压,因为新的行动策略
对公共秩序的破坏方式与影响程度不同,能够迫使当局进
行回应。然而,行动策略创新有其自身的局限性,因为随着
时间的推移,当局终究会对行动策略形成应对之策,从而减
弱策略创新的效用。[①] 弗朗西斯·皮文(Frances Piven)和
理查德·克罗沃德(Richard Cloward)的研究发现,破坏性
行动是底层民众获得福利救济的有效方式。这两位作者
认为,福利系统发挥两大主要功能,一个功能是对低收入
群体提供基本保障,另一个功能是在民众闹事时通过提供
经济补助来平息事件、恢复公共秩序。然而,这种福利政
策方面的变化并不能等同于集体行动的胜利,因为政府作
出的妥协很有可能在事件平息后被收回。[②] 詹姆斯·巴顿
(James Button)进一步指出,破坏性行动本身并不足以引发
政治与社会变迁,而是需要满足一系列条件:第一,当权者

[①]　McAdam, D. , "Tactical innovation and the pace of insurgency", *American Sociological Review*, 1983, 48(6), pp. 735-754.

[②]　Piven, F. & Cloward, R. , *Regulating the poor* (second edition), Vintage, 1993.

有充分的资源以满足社会运动的诉求；第二，破坏性行动既不能太频繁，以至于引发大规模的社会与政治不稳定，也不能太严重，以至于被认为是一种威胁；第三，有相当一部分当权者与公众对社会运动的目标怀有同情，而破坏性行动不能严重到削弱或抵消掉这种同情；第四，社会运动所提出的目标诉求相对有限、具体且清晰；第五，破坏性行动需要与非破坏性行动同步进行。①

  另一些研究者则认为，破坏性行动策略并不利于社会运动的成功。面对挑战者提出的诉求，选举官员的首要考量是满足或不满足这些诉求会如何影响自己未来的选举，比如，这些社会运动组织有多少成员，成员数量是否足以对选举产生影响，社会运动组织能否动员这些成员为自己投票，社会运动组织所能提供的资金、人员、与媒体的关系等资源是否有助于自己赢得选举，等等。② 苏珊娜·罗曼 (Susanne Lohmann)进一步指出，选举官员希望他们做出的决策是能够满足大多数民众的诉求，因为只有这样才最有利于未来的选举。然而，由于每天都要接收大量的信息，决策者很难判断社会的真实状态是怎么样的，哪些诉求是大多数民众支持的。在这样的情况下，社会运动发挥了信号

---

① 参见 Button, J., *Black violence: Political impact of the 1960s riots*, Princeton University Press, 1978。

② Burstein, P. & Linton, A., "The impact of political parties, interest groups, and social movement organizations on public policy: Some recent evidence and theoretical concerns", *Social Forces*, 2002, 81(2), pp. 381-408.

传达的功能,让决策者得以知晓社会的真实状态。换言之,
选举官员不需要过多关注常规化的信息,而只要通过社会
运动或利益集团的诉求表达就足以了解新的、重大的社会
变化。① 接下来的问题是,决策者是如何对信号进行解读
的? 罗曼提出了两个重要的参考指标:一是社会运动规模,
当参与人数超过一个特定的临界值时,这就有可能促使选
举官员改变决策;二是从信号传递的角度出发,决策者并不
愿意回应极端化的诉求,因而采取破坏性行动反而会降低
决策者回应的可能性。②

　　社会运动结果还取决于其所面临的外部环境。公众舆
论被认为是一个重要的影响因素。社会运动组织的行动诉
求主要传达给两个主要的目标群体:当权者与公众。一方
面,社会运动组织通过对当局施压迫,使当局承认其所提出
的权益;另一方面,社会运动组织通过大规模的集体行动吸
引公众的关注,希望借助公众的支持推动其目标诉求的实
现。政府对公众舆论的反映异常敏感,愿意根据公众舆论
的风向进行政策的调整。因此,在公众对某个议题高度关
切并呈现出明显的政策偏好的情况下,选举官员会排除其
他考量,对公众舆论做出积极回应,因为这种回应极有可能
赢得公众对其后续选举的支持;如果公众对某个议题的关

---

① Lohmann, S. , "A signaling model of informative and manipulative political action", *American Political Science Review*, 1993, 87, pp. 319-333.
② Ibid.

注度并不高,且没有表现出明显的政策偏好,选举官员就会有更大的空间对不同因素进行考量和权衡。① 此外,政治机会结构也会影响社会运动的成败。政体民主化程度、选举规则与程序、现行政策等结构性因素对社会运动有促进或制约的作用。② 由于社会运动所代表的群体通常在政治与经济上处于弱势地位,来自外部盟友的支持也被认为是社会运动获得成功的关键要素。③

考虑到社会运动结果可能受到多重因素的影响,不同因素的影响路径也可能存在差异,有研究者试图建构整合性的分析框架,考察社会运动结果的多重影响因素以及它们之间的组合路径。其中最为著名的是阿曼塔等人提出的政治中介理论。该理论认为,集体行动是为了改变当权者对回应/不回应社会运动诉求的成本与收益分析,并在特定的政治环境下选择相应的动员方式与行动策略。同样,当权者将挑战者视为促进或阻碍其政治目标的一种潜在资

---

① Burstein, P. & Linton, A., "The impact of political parties, interest groups, and social movement organizations on public policy: Some recent evidence and theoretical concerns", *Social Forces*, 2002, 81(2), pp. 381-408.

② Jenkins, J. & Perrow, C., "Insurgency of the powerless: Farm worker movements (1946-1972)", *American Sociological Review*, 1977, 42, pp. 249-268.

③ Lipsky, M., "Protest as a political resource", *American Political Science Review*, 1968, 62, pp. 1144-1158; Giugni, M., "Was it worth the effort? The outcome and consequences of social movements", *Annual Review of Sociology*, 1998, 24, pp. 371-393.

源,这个目标可能是巩固选举同盟、赢得民意基础或是为实现政府部门的愿景争取支持。从这个意义上说,社会运动组织的内部动员或外部环境本身都不足以解释社会运动结果。政治中介理论认为,政治环境在社会运动动员与其结果之间起到中介的作用。在相对有利的政治环境下,较低程度的动员就足以施加影响;在相对不利的政治环境下,社会运动需要采取更加坚决的行动策略才能达成目标;在非常不利的政治环境下,无论社会运动如何努力可能都不会产生任何影响。换言之,不同的动员方式与集体行动策略在一些政治环境下会比在另一些政治环境下更有效。①

为了厘清政治环境、社会运动动员及其结果之间的复杂关系,阿曼塔等人区分了对社会运动具有长期影响和中短期影响的政治环境。具有长期影响的政治环境可以从两个方面进行考察。一是政治体系的民主化程度。民主的政治体系有助于降低政治参与的门槛,同时政治体系内部也更为多元化,因而更有可能被集体行动所影响。二是政治党派的恩庇倾向。长期的、等级化的恩庇关系容易导致利益的固化,降低政体对社会运动诉求的接受度,因为接受社会群体的诉求就意味着减少当权者对权力和资源分配的自由度。对社会运动具有中短期影响的政治环境也包括两个

① Amenta, E., Caren, N. & Olasky, S., "Age for leisure? Political mediation and the impact of the pension movement on U. S. old-age policy", *American Sociological Review*, 2005, 70(3), pp. 516-538.

方面。一是行政官员的价值倾向。如果行政官员认同社会运动的目标，或对之怀有同情，他们就能够在行政裁决、政策实施、法律制定等环节提供帮助，从而扩大社会运动的影响力。二是现行体制的派系构成。新成立的政府通常比较开放，具有改革倾向，愿意接纳新的力量以扩大其政治同盟。这样的政治环境有助于扩大社会运动的影响力。相反，成立时间长的政府往往具有较强的意识形态倾向，其理念或利益更有可能与社会运动的诉求发生冲突，从而对社会运动采取排斥的态度。①

这些政治环境对社会运动的成败具有显著的中介作用。在政治系统开明且行政官员对社会运动的诉求怀有认同的环境下，社会运动只需付出很少的努力，通过写联名信、上访、举办公开活动等方式展示其所拥有的社会支持，就能取得实质性的政策改变。具有改革倾向的选举官员很可能用这些动员行动来证明这个社会群体的重要性，顺应其诉求做出改变会对未来的选举有所助益。对行政官员而言，他们可以借助这些社会运动的力量推动一些尚未实现的使命和愿景。相反，如果政治系统既不开明，行政官员也不认同社会运动的诉求，那么社会运动想要获得成功就会变得非常困难。在选举官员与社会运动理念相左或者不认

① Amenta, E., Caren, N. & Olasky, S., "Age for leisure? Political mediation and the impact of the pension movement on U. S. old-age policy", *American Sociological Review*, 2005, 70(3), pp. 516-538.

为与社会运动群体形成联盟会对其选举有任何助益的情况
下,有限的社会动员很大概率会被忽略或者影响甚微。在
不友好的政治环境下,社会运动组织必须要采取更为坚决
的行动策略才有可能产生影响,比如,对选举官员个人进行
施压或采取一些具有破坏性的行动策略。①

　　马可·基格尼(Marco Giugni)的研究发现,不同因素对
社会运动结果的影响路径各不相同,并据此区分了社会运
动结果的直接影响、间接影响和联合影响模型(见表 5.1)。
直接影响模型认为,社会运动能够通过自身的力量推动政
策的变化,自身的力量包括社会运动组织的基础架构、资源
动员、领导力以及采用的行动策略等。根据这个模型,社会
运动与政府回应之间存在直接的因果关系。与直接影响模
型不同,间接影响模型和联合影响模型都认为,单靠社会运
动本身不足以解释政策变迁,外部政治环境与社会支持对
社会运动结果有显著的促进或阻碍作用。在间接影响模型
中,社会运动产生政策影响需要经过两个步骤:首先,通过
社会动员影响外部环境;然后,通过外部环境的影响推动政
策变迁。比如,社会运动通过举办一系列公开展示活动推
动公众对议题的关注与支持,再借由公众舆论的转向对选
举官员施压,迫使他们改变决策。联合影响模型也认为,社

---

① Amenta, E., Caren, N. & Olasky, S., "Age for leisure?
Political mediation and the impact of the pension movement on
U. S. old-age policy", *American Sociological Review*, 2005,
70(3), pp. 516-538.

会运动的成功有赖于社会动员和外部环境的共同作用。但与间接影响模型不同的是,联合影响模型认为这种影响并非是通过先后顺序产生的,而是需要多个因素同时发挥作用。①

表5.1　社会运动结果的三种模型

模型名称	影响路径
1. 直接影响模型	社会运动——→政策变迁 　t_0　　　　t_1
2. 间接影响模型	A. 社会运动——→政治同盟——→政策变迁 　　t_0　　　　t_1　　　　t_2 B. 社会运动——→公众舆论——→政策变迁 　　t_0　　　　t_1　　　　t_2
3. 联合影响模型	A. 社会运动与政治同盟——→政策变迁 　　　　t_0　　　　　t_1 B. 社会运动与公众舆论——→政策变迁 　　　　t_0　　　　　t_1 C. 社会运动、政治同盟与公众舆论——→政策变迁 　　　　t_0　　　　　　　　t_1

资料来源：Giugni, M. , "Useless protest? A time-series analysis of the policy outcomes of ecology, antinuclear, and peace movements in the United States, 1977-1995", *Mobilization*, 2007, 12(1), p. 56。引用时调整了表格格式。

———————

① Giugni，M. ，"Useless protest? A time-series analysis of the policy outcomes of ecology, antinuclear, and peace movements in the United States，1977-1995"，*Mobilization*，2007，12(1)，pp. 53-77.

二、中国的环境行动与政府回应

蔡永顺的研究表明,地方政府对集体行动有四种可能的回应策略,分别是容忍、压制、妥协和有原则地妥协。容忍是指既不满足参与者的诉求,也不对参与者实施惩罚。压制是指使用强制力平息事件并对参与者实施惩罚。妥协是指满足参与者的部分或全部诉求以平息事件。有原则地妥协是指满足参与者的部分或全部诉求,但同时对部分或全部参与者实施惩罚。① 地方政府选择回应策略时需要考虑三个方面的因素:第一,中央政府的态度与介入事件的可能性;第二,对自身的成本与收益分析;第三,媒体与网络舆论的影响。我国行政体系采用的是纵向问责体制,即地方官员的政绩、晋升等都是由中央政府评估和决定的,因此,在中央政府面前塑造良好形象成为地方官员决策的主要动力。对中央政府而言,政权合法性与社会稳定是最重要的考量因素,也是用来评价地方政府绩效的核心指标。如果冲突事件不能得到有效控制,就有可能通过上访、媒体报道、网络舆情等途径被中央政府知晓,中央政府可能介入事件的调查过程并对相关官员进行问责。从这个意义上说,将冲突事件控制在自己的管辖范围之内,防止事件的影响扩散甚至被中央政府知晓是地方政府应对集体行动的一个

---

① 参见 Cai, Y., *Collective resistance in China: Why popular protests succeed or fail*, Stanford University Press, 2010。

重要原则。① 因此,越级上访是地方政府最忌讳的行动之一,也最有可能引发地方政府对参与者的压制。② 陈济东等人对网络投诉的调查发现,当投诉内容透露出要进一步向上级政府反映的意思时,地方政府对投诉明显具有更强的回应性。③ 李延伟等人以央媒报道作为中央政府态度的风向标,发现央媒报道中缺乏对地方政府的支持态度是地方政府选择妥协策略的一个必要条件。④

除了考虑中央政府的态度之外,地方政府回应社会冲突时也有自身的行为逻辑。首先,维持社会秩序是地方政府的一项基本功能。当冲突事件引发堵路、打砸抢等破坏性行动,并且可能对正常社会秩序形成冲击时,地方政府更有可能采取压制措施。这是因为:一方面,这些行动对地方政府的威信构成重大挑战,若不及时压制,可能引发其他效仿行为,造成社会不稳定;另一方面,采取这些破坏性行动会使参与者处于道德弱势地位,失去普通民众的同情,即使

---

① 参见 Cai, Y., *Collective resistance in China: Why popular protests succeed or fail*, Stanford University Press, 2010。

② Cai, Y., "Local governments and the suppression of popular resistance in China", *The China Quarterly*, 2008, 193, pp. 24-42.

③ Chen, J., Pan, J. & Xu, Y., "Sources of authoritarian responsiveness: A field experiment in China", *American Journal of Political Science*, 2016, 60(2), pp. 383-400.

④ Li, Y., Koppenjan, J. & Verweij, S., "Governing environmental conflicts in China: Under what conditions do local governments compromise?", *Public Administration*, 2016, 94(3), pp. 806-822.

地方政府采用压制手段,也不会面临严重的道德谴责。① 其次,确保政策落实也是地方政府的主要职能。不少政策本身就比较容易引发冲突,然而这些政策的实施对地方政府而言又至关重要,比如,关乎地方财政收入或涉及一票否决的政治任务。在这种情况下,地方政府倾向于采取强硬手段推进政策实施。② 最后,回应成本也是地方政府的一项重要考量。污染性设施选址争议的解决通常需要给予利益受损者经济补偿,或者由于取消原定的建设项目而对企业进行赔款,这些都意味着相当程度的经济压力。根据中央与地方政府的分工,平息冲突事件所需的成本是由地方财政负担的。因此,当满足参与者诉求对地方政府而言财政压力不算太高时,地方政府倾向于采取妥协策略;当参与者提出的诉求对地方政府而言难以负担时,地方政府倾向于忽视甚至压制冲突事件。

此外,媒体报道及由此形成的公众舆论也是地方政府选择回应策略时不得不考虑的一个关键因素。随着信息通信技术的发展,媒体与互联网在社会冲突中发挥日益重要的作用。媒体报道有助于迅速扩大冲突事件的社会影响力,使事件能够超越地域限制,成为全国关注的焦点事件。正如路德·库普曼斯(Ruud Koopmans)所说:"社会运动与当权者互动的决定性部分已不在于双方在具体地点的直接

---

① Cai, Y., "Local governments and the suppression of popular resistance in China", *The China Quarterly*, 2008, 193, pp. 24-42.
② Ibid.

的、物理性的对峙，而在于行动者在大众媒体公共领域的非直接的、经由媒体调停的对抗。"① 媒体报道能为参与者提供合法性依据，争取更大范围的公众支持，从而改变参与者与政府之间的权力关系。随着市场化转型程度不断加深，大众媒体呈现多元化的发展态势。由于不能再完全依赖行政拨款，媒体需要为各种利益诉求开辟表达的空间，提高受众的关注度。② 冲突事件容易吸引眼球，引发读者共鸣，由此成为媒体报道的重点内容之一。③ 中央政府对于冲突事件报道持相对宽容的态度，因为这些报道有助于中央政府及时掌握地方动态，对地方政府起监督的作用。在此背景下，媒体报道不仅能够扩大冲突事件的舆论关注度，提高地方政府采用压制策略的成本，同时还有助于引起中央政府对冲突事件的关注，增加中央政府介入的可能性，从而间接对地方政府施压。

中央政府对冲突事件的态度、地方政府自身的成本与收益分析以及媒体与公众舆论都会影响地方政府对回应策略的选择。然而，正如社会运动文献所揭示的，在政府与民

① Koopmans，R.，"Movements and media：Selection processes and evolutionary dynamics in the public sphere"，*Theory and Society*，2004，33，p. 367.

② Yang，G. & Calhoun，C.，"Media, civil society, and the rise of a green public sphere in China"，*China Information*，2007，21(2)，pp. 211-236.

③ Zeng，F. & Huang，Y.，"The media and urban contention in China：A co-empowerment model"，*Chinese Journal of Communication*，2015，8(3)，pp. 233-252.

众的互动过程中,冲突结果并非由某个单一因素所决定的,而是不同影响因素之间相互促进或制约的结果。有研究发现,环境行动结果受政治和媒体环境的双重调停作用:在政治环境与媒体环境都有利的情况下,只要展示出一定程度的社会动员,就能促使地方政府妥协;然而,当媒体环境有利但政治环境不利时,温和的社会动员并不足以实现行动目标,只有在大规模社会动员和破坏性行动策略两个条件同时满足的情况下,才能迫使地方政府作出妥协。[1] 李延伟等人考察了行动规模、破坏性策略、项目开发阶段、中央政府立场四个因素对政府回应的影响,得出三条影响路径。第一条路径显示,在项目处于后期阶段且缺乏中央政府支持的情况下,需要同时存在大规模社会动员与破坏性策略才能迫使地方政府妥协。第二条路径显示,在项目处于早期阶段且缺乏中央政府支持的情况下,即使没有采用破坏性策略,地方政府也会选择妥协。第三条路径显示,在项目处于早期阶段且缺乏中央政府支持的情况下,即使没有大规模的社会动员,地方政府依然会选择妥协。由此可见,中央政府对地方政府的态度是影响地方政府回应的关键要素。[2]

---

[1] Huang, R. & Sun, X., "Dual mediation and success of environmental protests in China: A qualitative comparative analysis of 10 cases", *Social Movement Studies*, 2020, 19(4), pp. 408-425.

[2] Li, Y., Koppenjan, J. & Verweij, S., "Governing environmental conflicts in China: Under what conditions do local governments compromise?", *Public Administration*, 2016, 94(3), pp. 806-822.

三、研究方法与条件设定

为了考察不同影响因素及其相互作用对地方政府回应的影响,本章采用定性比较分析法对本研究案例数据库中的 15 个由污染性设施选址引发的环境行动案例进行系统的比较分析。自 2007 年厦门 PX 事件爆发之后,由大型污染性设施选址引发的环境冲突呈快速增长趋势,成为我国城市环境冲突的主要类型。考虑到大众媒体和互联网的传播作用,此类冲突事件表现出高度相似性,具体体现在以下三个方面。第一,公众对诸如"PX""垃圾焚烧"等关键词具有高度敏感性,涉及 PX 或垃圾焚烧的建设项目更有可能遭遇社区抵制。第二,环境行动动员总体呈现弱组织化甚至无组织化的特征。在众多案例中,公众以个人化的方式表达对项目的质疑与反对,经由短信、网络论坛、社交媒体等渠道汇集,最终聚合成线下集体行动。由于缺乏组织化协调,集体行动通常以事件为导向且缺乏持续性。第三,诸如环境与健康、选址不合理、信息不公开、不信任政府等行动框架在多起冲突事件中被反复提及。① 基于

① Yang, Y. , "How large-scale protests succeed in China: The story of issue opportunity structure, social media, and violence ", *International Journal of Communication*, 2016, 10, pp. 2895 - 2914; Liu, J. , "Digital media, cycle of contention, and sustainability of environmental activism: The case of anti-PX protests in China", *Mass Communication and Society*, 2016, 19 (5), pp. 604 - 625; Zhu, Z. , "Backfired government action and the spillover effect of contention: A case study of the anti-PX protests in Maoming, China", *Journal of Contemporary China*, 2017, 26, pp. 521-535.

此,定性比较分析法有助于对这一类环境行动进行整体性比较与分析。

现有文献表明,中国政府对不同时期涌现的社会矛盾具有高度回应性。改革开放以来,政府冲突治理模式逐渐从直接的、全面的社会管控向更为复杂的、微妙的社会治理转变。① 这很大程度上得益于地方政府的学习能力,能够在保持社会控制的同时更为有效地回应民众的诉求。② 基于此,本章旨在考察在污染性设施选址决策中,地方政府是否由于冲突事件的发生而改变原有的选址决定。

体制内人士的态度分化会影响冲突事件的结果。体制内人士的公开支持不仅提高了环境行动的合法性基础,还有助于将公众环保诉求传达到中央层面,引起中央政府的关注,从而为环境行动提供有利的政治机会。基于此,本章以是否获得政治精英的公开支持来测量环境行动所处的政治机会结构。

地方政府的成本与收益分析主要包含两个方面的考量:冲突事件多大程度上威胁到社会稳定以及平息冲突事

---

① Lee, C. & Zhang, Y., "The Power of instability: Unraveling the microfoundations of bargained authoritarianism in China", *American Journal of Sociology*, 2013, 118, pp. 1475-1508.

② Chen, J., Pan, J. & Xu, Y., "Sources of authoritarian responsiveness: A field experiment in China", *American Journal of Political Science*, 2016, 60(2), pp. 383-400; Su, Z. & Meng, T., "Selective responsiveness: Online public demands and government responsiveness in authoritarian China", *Social Science Research*, 2016, 59, pp. 52-67.

件需要付出的成本。①

首先，维护社会稳定是地方政府的一项重要职能，而大规模群体性事件会对社会稳定形成挑战。一方面，参与者数量能够从一定程度上反映出行动诉求所获得的社会支持程度；另一方面，参与人数越多，维持现场秩序就越困难，更有可能导致场面失控。因此，本章以行动规模来测量冲突事件对社会稳定的影响。

其次，平息事件的成本通常由地方政府承担，因而也是影响地方政府回应的一项重要考量。对由污染性设施选址引发的冲突事件而言，地方政府的成本在于征地与拆迁补偿等前期投入以及由于取消或搬迁项目需要向企业支付的赔偿款等。考虑到前期投入是地方政府实实在在已经付出的，因此，本章以冲突发生时项目的进展程度（建设初期还是后期）来测量地方政府平息事件所需的成本。

媒体报道及由此引发的舆论压力也是地方政府选择回应策略时的重要考量。媒体报道不仅有助于扩大冲突事件的社会影响力，引爆舆论热点，提高地方政府的压制成本，同时也更有可能引起中央政府的关注甚至介入。② 考虑到目前媒体传播的主要途径是互联网，本章以冲突事件的网

---

① 参见 Cai，Y. , *Collective resistance in China: Why popular protests succeed or fail*，Stanford University Press，2010。

② Huang，R. & Sun，X. , "Dual mediation and success of environmental protests in China: A qualitative comparative analysis of 10 cases"，*Social Movement Studies*，2020，19(4)，pp. 408-425.

络报道数量来测量地方政府面临的舆论压力。

基于以上讨论,本章对定性比较分析的结果与解释条件进行校准。环境行动结果定义如下:若争议项目被取消或搬迁,意为政府改变原有决策,编码为 1;若项目继续进行,意为政府坚持原有决策,则编码为 0。

条件一:政治精英支持

政治精英支持指是否有人大代表、政协委员公开对公众环境行动表示支持。若有政治精英公开表示支持,编码为 1;否则,编码为 0。

条件二:行动规模

行动规模是指参与环境行动的人数。由于信息主要来自媒体报道,因而数字是约估的。参照国务院对重大突发公共事件的分级标准,①若参与人数多于 1 000 人,编码为 1;否则,编码为 0。

条件三:项目进展

项目进展是指冲突事件发生时争议项目的建设进度。项目建设进度大致包括四个阶段:规划选址阶段、建设初期阶段、建设后期阶段、建成投产阶段。若项目处于后两个阶段,编码为 1;若项目处于前两个阶段,则编码为 0。

条件四:媒体曝光

媒体曝光是指网上关于冲突事件的报道数量。笔者在事件发生的时段内对百度新闻进行关键词搜索,若网上报

---

① 根据国务院对重大突发公共事件的分级标准,参与人数超过 1 000 人的集会行动属于重大群体性事件。

道数量超过 100 条,编码为 1;否则,编码为 0。

15 个案例解释条件与结果的校准结果参见表 5.2。

表 5.2 环境行动案例的数据矩阵

编号	案例	解释条件				结果
		政治精英支持	行动规模	项目进展	媒体曝光	政府回应
1	XM	1	1	0	1	1
2	ZZ	0	1	0	0	0
3	DL	0	1	1	1	0
4	NB	0	1	0	1	1
5	PZ	0	0	1	0	0
6	KM	0	1	1	1	0
7	JJ	0	0	0	0	0
8	MM	0	1	0	1	1
9	QD	1	1	0	0	1
10	SF	0	1	0	1	1
11	JM	1	1	0	1	1
12	LLT	1	1	0	1	1
13	ASW	0	0	0	1	0
14	PY	0	1	0	1	1
15	BGH	1	0	1	1	1

四、环境行动中政府改变决策的影响路径

本小节旨在考察促使地方政府改变选址决策的条件组

合。本小节首先对解释条件进行必要性分析,结果参见表5.3。一致性值0.90通常被用来作为判断必要性的标准。分析显示,解释条件的一致性程度都较低(从0.11到0.89),未达到0.90的标准,说明这些因素单独来看都不足以构成地方政府决定取消污染性项目的必要条件。但是可以看到,行动规模大、项目建设早期和媒体曝光度高这三个条件的一致性取值为0.89,非常接近0.90的标准,可以推测这三个条件的存在对地方政府改变决策结果起到非常重要的作用。

表5.3 地方政府改变决策的必要条件分析

条件	一致性	覆盖率
政治精英支持	0.56	1.00
无政治精英支持	0.44	0.40
行动规模大	0.89	0.73
行动规模小	0.11	0.25
项目建设后期	0.11	0.25
项目建设早期	0.89	0.73
媒体曝光度高	0.89	0.73
媒体曝光度低	0.11	0.25

真值表展示了解释条件的组合与结果之间的关系(表5.4)。从真值表可以看出,有九种不同的条件组合能让地方政府改变原有决策,其一致性分值均为1.00,由此表明

这四个解释条件能够将政府改变决策和不改变决策两种结果进行区分,且不存在矛盾案例。

表 5.4　真值表

编号	条件				结果	案例
	政治精英支持	行动规模	项目进展	媒体曝光		
1	0	1	0	1	1	NB, MM, SF, PY
2	1	1	0	1	1	XM, JM, LLT
3	1	1	0	0	1	QD
4	1	0	1	1	1	BGH
5	0	1	1	1	0	DL, KM
6	0	0	0	0	0	JJ
7	0	0	0	1	0	ASW
8	0	1	0	0	0	ZZ
9	0	0	1	0	0	PZ

　　笔者对真值表进行布尔最小化后,得到使地方政府改变决策的三条路径(见表5.5)。第一条路径的条件组合是获得政治精英支持、参与人数众多、项目处于建设初期。第二条路径的条件组合是媒体曝光度高、参与人数众多、项目处于建设初期。第三条路径的条件组合是获得政治精英支持、媒体曝光度高、参与人数稀少、项目处于建设后期。下文结合案例对这三条路径展开进一步论述。

表 5.5　地方政府改变决策的路径分析

解释路径	案例	覆盖率	一致性
ELITE * SIZE * stage	XM, QD, JM, LLT	0.44	1.00
MEDIA * SIZE * stage	XM, NB, MM, SF, JM, LLT, PY	0.78	1.00
ELITE * MEDIA * size * STAGE	BGH	0.11	1.00
solution		1.00	1.00

路径一:获得政治精英支持、参与人数众多、项目处于建设初期的条件组合

这条路径解释了厦门 PX 事件、启东排污事件、江门反核事件和北京六里屯垃圾焚烧事件四个案例。这种条件组合反映出政治机会结构的重要性,即,政治系统内部的分化为环境行动的成功创造了有利环境。这些案例的一个重要共同点在于,政治精英对要不要在当地上马大型工业项目存在明显的意见分歧,并且一直未能达成共识。在厦门案例中,关于PX 的争议最先是由全国政协委员、中国科学院院士、厦门大学化学系教授赵玉芬提出的。作为一名专业人士,赵玉芬认为:"PX 是高致癌物,对胎儿有极高的致畸率…… PX厂距厦门市中心和鼓浪屿只有 7 公里,距离新开发的'未来海岸'居民区只有 4 公里,太危险了,必须迁址。"①为了阻止

---

① 《厦门 PX 事件》(2007 年 10 月 15 日),三联生活周刊网站,http://old.lifeweek.com.cn//2007/1015/19680.shtml,最后浏览日期:2023 年 2 月 10 日。

项目建设,赵玉芬首先与其他五名中国科学院院士联合给厦门市政府写信,建议搬迁工厂。厦门市政府安排了一次沟通会,但会上双方并没有达成一致。2007年"两会"期间,赵玉芬联合了另外105名政协委员,向政府提交了建议暂缓PX项目建设的提案。这一提案引起了中央层面的关注。国家环保总局(现生态环境部)的一名官员对提案表示理解,但坦言项目搬迁的决定超出了国家环保总局的管辖范围。后来,发改委专门派出一个调查组前往厦门,对PX项目进行重新评估,但得出的结论是发改委无意停止或搬迁该项目。

在启东案例中,是否引入王子造纸企业从一开始就在政府内部充满争议。启东海洋渔业发达,拥有全国四大渔场之一的吕四渔港,而王子造纸企业的污水排放势必会影响渔场的经营。早在2005年"两会"期间,就有39位市人大代表提出多项反对王子造纸排海工程的提案,包括《关于对南通市达标工业废水排海工程的议案》《关于坚决制止日本王子纸业污水东排的议案》等,但都没有成效。后来,在反对者的多次要求下,南通市政府召开听证会,邀请了包括离退休老干部、养殖户、渔民、网友、市民五方代表共七八十人参加。整个听证过程中,双方意见激烈对峙,离退休老干部群体一致对排海工程表示反对。南通市人大常委会前主任施仲元认为:"排海工程是以牺牲启东渔业的代价,换取王子造纸的利益,明明有影响,为什么要说没有影响?……这不仅仅是我本人,说句老实话,在职的四套班子领导,也是这个想法。"① 此外,南通市前副市长、海洋与渔业局前局长等人也都从各自的专业角度对项目提出质疑。

政治精英的支持固然非常重要,但仅有这个条件并不足以令地方政府改变决策,一定程度的社会动员也是非常重要的推动力。比如在厦门 PX 事件中,百余名政协委员联名上书的 2007 年全国政协"一号提案"只是促使发改委派了一个调查组到厦门对项目进行重新评估,但最终也没能改变项目的建设计划。然而,赵玉芬等人的倡议却成功地使厦门 PX 项目成了一个公共议题,各路媒体争相报道,引发了厦门市民的高度关注。后来,一条号召市民游行的短信在百万手机用户间转发,最终导致数千名市民走上街头,以集体散步的方式反对 PX 项目落户厦门。这场持续两天的自发性集体散步最终迫使政府改变决策,将 PX 项目迁往漳州。事实上,江门反核行动和北京六里屯反焚行动中都有数千人上街示威,启东反排污行动中的参与人数更是达到 2 万至 3 万人。大规模的社会动员与政治精英倡议相互呼应,反映出环境行动拥有广泛的社会支持。不可忽略的是,这些案例中涉及的污染性项目都处于规划选址或建设的初期阶段,已投入的人力、物力比较有限,意味着取消或搬迁项目对地方政府而言成本相对较低。由此可见,在这一路径中,政治体系内部的分化虽然没能直接撼动政府决

---

① 《江苏启东民众抗议排污事件发起人未遭报复》(2012 年 12 月 25 日),台州在线网,http://www.576tv.com/Program/178889. html,最后浏览日期:2017 年 12 月 10 日。

策,但却是一股极为重要的力量。这股力量与一定程度的社会动员、不太高昂的取消或搬迁成本相辅相成,最终促成了地方政府的妥协。

路径二:媒体曝光度高、参与人数众多、项目处于建设初期的条件组合

这条路径解释了厦门 PX 事件、宁波 PX 事件、茂名 PX 事件、什邡钼铜事件、江门反核事件、北京六里屯垃圾焚烧事件和广州番禺垃圾焚烧事件七个案例,也是解释案例数最多的一条路径。这个条件组合很大程度上体现了媒体和互联网在冲突事件中所扮演的关键角色。在中国,中央政府对环境保护方面的媒体报道有较高的容忍度。中央政府一直倡导环境保护与可持续发展,然而,绿色发展理念在地方上却面临执行不力的窘境。地方政府往往将 GDP 增长作为其政绩和晋升的重要砝码,不惜忽视乃至于牺牲环境保护。在此背景下,媒体对地方污染事件的报道可视作对地方环保政策实施情况的一种监督,受到中央政府的默许。[①] 此外,环境与健康议题与每一个人都息息相关,很容易引发公众的共鸣,因而也是市场化背景下媒体热衷报道的一种题材。不少媒体记者怀有环保理念,希望通过媒体报道助力环保事业,甚至有部分记者后来投身了环保事业,

---

[①] Johnson, T., "Environmentalism and NIMBYism in China: Promoting a rules-based approach to public participation", *Environmental Politics*, 2010, 19(3), pp. 430-448.

同时又与媒体保持密切的联系。① 这就使得与环保相关的议题或事件更有可能得到媒体的报道。

在厦门案例中,尽管赵玉芬院士没能阻止 PX 项目的建设,但成功吸引了媒体对事件的关注。《中国青年报》首先发表了题为《106 位全国政协委员签名提案　建议厦门一重化工项目迁址》的报道。② 后来,赵玉芬院士接受《中国经营报》采访时说:"说 PX 你可能不清楚,但是 2005 年 11 月吉林双苯厂爆炸事件你一定记忆犹新,PX 就是对二甲苯,属危险化学品和高致癌物,对胎儿有极高的致畸率。而 PX 项目就位于人群密集的厦门海沧区。"③这些报道被各大媒体转载,引发了广泛的社会共鸣。《南方都市报》连续刊发了《公共不会有安全》《保护不了环境的环保官员》《全国政协委员算老几》等一系列评论文章,从知情权、公众参与等多个方面对项目选址决策提出质疑。不久,厦门市民通过小鱼社区、厦门大学 BBS 等当地著名网络论坛加入对 PX 项目的热烈讨论,不满情绪迅速蔓延,最终引发了数千人参与的散步行动。

---

① Sun, X. , Huang, R. , & Yip, N. , "Dynamic political opportunities and environmental forces linking up: A case study of anti-PX contention in Kunming", *Journal of Contemporary China*, 2017, 26(106), pp. 536-548.

② 郑燕峰:《106 位全国政协委员签名提案　建议厦门一重化工项目迁址》,《中国青年报》,2007 年 3 月 15 日。

③ 屈丽丽:《百亿化工项目被指威胁厦门安全》,《中国经营报》,2007 年 3 月 17 日。

在广州番禺垃圾焚烧的案例中,媒体报道更是对环境行动的进展起到关键性推动作用。拟建的垃圾焚烧厂邻近30万中产业主居住的华南板块,其中有不少业主是从事媒体工作的,争议事件很快引发了广州本地媒体的关注。《新快报》首先以《番禺建垃圾焚烧厂　30万业主急红眼》为题对番禺垃圾焚烧厂选址争议做了两个整版的专题报道。为了考察垃圾焚烧厂对周边社区的影响,业主前往广州垃圾焚烧的样板工程——李坑焚烧厂进行实地考察,还拍摄了纪录片《谁来拯救你　李坑人民》。这些资料很快通过网络传播,揭示了垃圾焚烧厂运营对李坑村民健康造成的伤害。在动员本地媒体之余,业主还主动联系了包括央媒在内的外地媒体。《中国新闻周刊》《财经》等媒体纷纷对番禺事件进行了报道。11月21日,中央电视台《新闻调查》栏目组专门派遣记者来到广州,通过采访、实地调研等方式对番禺垃圾焚烧事件进行了全面报道。至此,番禺垃圾焚烧事件成为全国性的焦点事件。

媒体报道有助于扩大事件的影响力,对政府形成舆论压力,但还不足以使地方政府改变决策。大规模的社会动员带来的维稳压力以及取消或搬迁项目所需的财政成本同样是地方政府的重要考量。这七个案例都发生了规模逾千人的集体行动,其中,茂名PX事件、宁波PX事件和什邡钼铜事件中的参与人数甚至过万。媒体对事件的关注大大提高了地方政府采用压制策略的成本,因为这不仅会对地方政府的合法性造成损害,还有可能引发更大范围的民意反弹。此外,这些案例涉及的污染性项目都处于建设的早期阶段,取消或搬迁的成本相对较低。这些因素共同促成了地方政府改变原有选址决策的决定。

路径三:获得政治精英支持、媒体曝光度高、参与人数稀少、项目处于建设后期的路径组合

这条路径解释了深圳白鸽湖垃圾焚烧案例,这也是唯一一个项目已处于建设后期阶段但政府仍然改变选址决策的案例。深圳白鸽湖垃圾焚烧厂总投资 5.84 亿元,经过规划、选址、招投标、环评等一系列审批手续,于 2009 年 2 月开工建设。附近辅城坳社区居民坚决抵制焚烧厂建设并前往工地阻止施工,导致垃圾焚烧厂建设从 4 月开始被迫停工,每天损失约 20 万元。建设方数次试图复工,但都由于辅城坳社区居民的阻挠而暂停,经济损失较大。由于白鸽湖垃圾焚烧厂选址位于山区,影响范围有限,反对声音主要来自选址地附近的辅城坳社区居民,前往工地阻止施工的人数有 200—300 人,与其他环境行动相比规模并不算大。

对这个案例而言,政治精英的支持与媒体的持续关注是最终促使地方政府让步的两个重要条件。争议发生期间,辅城坳社区已有两家运营中的平湖垃圾焚烧厂,投产之后污染一直相当严重,当地居民罹患癌症的比率也偏高。多年来辅城坳社区居民委托区人大代表、村委委员等不断向市、区政府有关部门反映,要求不再兴建白鸽湖焚烧厂。辅城坳社区计划生育办公室主任、龙岗区人大代表邹远燕从 2008 年 3 月就开始向上面递交一份名为《强烈要求解决平湖垃圾焚烧处理厂的环境污染问题和调整白鸽湖垃圾焚烧处理厂选址的请求》,这份请求书后面有 130 多个签名,包括龙岗区人大代表、社区党支部书记、居委会主任、居民小组组长、居民代表等。然而,这些反映一直没有得到上级政府的答复。① 2010 年,以平湖街道辅城坳社区居民委员会为首的八个居民委员会向深圳市人居环境委员会(现生态环境局)提起行政诉讼,要求法院撤销深圳市人居环境委员会对白鸽湖项目环境影响评价报告的批复,以败诉告终。2011—2012 年,深圳市人大代表黄翔、严锡培等连续两年在地方"两会"上提交建议,要求平湖垃圾焚烧发电厂升级改造、白鸽湖垃圾焚烧项目另行选址。

除了人大代表、社区干部等政治精英的请愿之外,媒体持续不断的报道也有助于维持冲突事件的热度,对地方政府持续施压。《南方日报》《南方都市报》等商业媒体就白鸽湖垃圾焚烧厂事件发表了多篇报道,其中题为《白鸽湖垃圾焚烧厂求解》的专题报道更是占据了《南方日报》一整个版面。《深圳商报》则多年跟踪人大代表关于白鸽湖垃圾焚烧厂的提案,对人大代表"不满意"主管部门答复的情况进行报道,并被多家门户网站转载,引发了广泛的社会反响。② 持续多年来自政府机构内外的压力最终迫使深圳市

---

① 唐毅、陶清清:《白鸽湖垃圾焚烧厂求解》,《南方日报》,2009 年 7 月 22 日。

② 《人大代表对两建议办理"不满意"》(2011 年 1 月 11 日),新浪网,http://finance.sina.com.cn/roll/20110111/03543574587.shtml? from＝wap,最后浏览日期:2017 年 12 月 10 日。

政府妥协,宣布对白鸽湖垃圾焚烧厂另行选址。

五、环境行动中政府不改变决策的影响路径

本小节分析地方政府不改变选址决策的条件组合,分析步骤与之前类似。必要性检验表明,缺乏政治精英支持是唯一一个必要条件,一致性为 1.00(见表 5.6)。

表 5.6 地方政府不改变决策的必要条件分析

条件	一致性	覆盖率
政治精英支持	0.00	0.00
无政治精英支持	1.00	0.60
行动规模大	0.50	0.27
行动规模小	0.50	0.75
项目建设后期	0.50	0.75
项目建设早期	0.50	0.27
媒体曝光度高	0.50	0.27
媒体曝光度低	0.50	0.75

表 5.7 展示了地方政府不改变决策的四条因果路径。第一条路径的条件组合是缺乏政治精英支持、参与人数稀少以及处于项目建设初期,涵盖九江 PX 事件和北京阿苏卫垃圾焚烧事件两个案例。第二条路径的条件组合是缺乏政治精英支持、媒体曝光度低以及项目处于建设初期,涵盖漳州 PX 事件和九江 PX 事件两个案例。第三条路径的条件组合是缺少政治精英支持、媒体曝光度低以及参与人数稀

少,涵盖彭州 PX 事件和九江 PX 事件两个案例。第四条路径的组合条件是缺乏政治精英支持、媒体曝光度高、参与人数众多以及处于项目建设后期,涵盖大连 PX 事件和昆明 PX 事件两个案例。

表 5.7　地方政府不改变决策的路径分析

解释路径	案例	覆盖率	一致性
elite * size * stage	JJ, ASW	0.33	1.00
elite * media * stage	ZZ, JJ	0.33	1.00
elite * media * size	PZ, JJ	0.33	1.00
elite * MEDIA * SIZE * STAGE	DL, KM	0.33	1.00
solution		1.00	1.00

　　进一步比较分析可见,前三条路径基本上缺乏各项有利条件。除了没有获得政治精英的支持之外,或者社会动员程度不够,或者媒体曝光程度较低,因而未对地方政府形成足以使其改变决策的压力。第四条路径则很不同。大连 PX 和昆明 PX 两个案例不仅受到媒体的广泛报道,同时还形成了大规模的社会动员(昆明 3 000 余人,大连更是多达万余人),这两个条件同时存在足以对地方政府构成相当可观的回应压力,却最终没能促使政府改变决策。一个重要的原因是,改变选址决策对地方政府而言成本太高。比如在大连 PX 案例中,由福佳大化投资的化工厂早已建成投产,投资规模近百亿元,是目前中国单系列规

模最大的芳烃项目。① 项目整体搬迁的成本将非常高昂。一方面,大连能满足搬迁条件的地方本来就不多,而要地方政府放弃这些纳税大户更是异常艰难。单单福佳大化 PX 项目的年产值就高达 260 亿元,每年向地方财政贡献 20 亿元左右的税收。② 另一方面,产业链也是阻碍项目搬迁的重要因素。目前工业园区具有成熟的配套产业链条,在原材料供应上已形成捆绑式效应,而工厂搬迁也就意味着这一完整的产业链将被打破。③ 大连市一名官员透露:"福佳搬迁的成本至少要几十亿元,这笔钱由谁来出? 中央有规定,超过 1 亿元的损失,中央要问责,这个责任由谁来负?"④更重要的是,这两个化工项目对当地政府而言意义重大。昆明工业基础薄弱,中石油投资的这个炼油项目是云南省开拓工业发展的重要布局,建成后产值将占云南省 GDP 的五分之一。大连历来是国家石化基地,大化集团更是历史悠久,曾被誉为中国化学工业的摇篮,对地方经济的拉动作用显著。此外,这两起冲突事件并没有得到政治精英的

①　《"PX"项目屡屡受挫的背后》(2011 年 9 月 20 日),民主与法制网,http://www.mzyfz.com/cms/minzhuyufazhizazhi/shehuiyujingji/html/704/2011-09-20/content-163378.html,最后浏览日期:2017 年 12 月 10 日。
②　同上。
③　《大连 PX 项目搬迁:福佳大化的蝴蝶效应》(2011 年 8 月 16 日),化工制造网,http://www.chemmade.com/news/detail-00-26349.html,最后浏览日期:2011 年 8 月 16 日。
④　李菁:《大连福佳 PX 项目命运记:一座工厂与一个城市的故事》,《三联生活周刊》2011 年第 35 期,第 62 页。

公开支持,从一定程度上反映出政治系统内部对发展 PX 项目有相当程度的共识。由此可见,媒体曝光和大规模的社会动员固然重要,却并不足以构成地方政府妥协的充分条件。

综上所述,笔者发现环境行动通过三条路径促使地方政府改变原有的选址决策。第一条路径强调了政治精英支持对政府妥协的关键影响,凸显了政治机会结构的重要性。[1] 政治精英公开支持环境行动意味着政治系统内部对冲突事件存在不同意见,部门分隔、行业利益、专业观点等都是导致内部分化的可能原因。[2] 政治系统内部的分化虽然不能直接撼动政府决策,却能吸引媒体与中央政府对事件的关注,并为大规模的环境行动提供合法性支持,从而成为改变决策的一个关键因素。第二条路径强调了信息社会背景下媒体报道对政府回应的重要影响。在这条路径中,环境行动并未得到政治精英的公开支持,而是通过媒体曝光扩大事件的社会影响力,争取社会舆论的支持,从而对地方政府施压。中央媒体的介入对事件的发展走向尤为重要,因为央媒的观点在很大程度上被认为间接反映了中央政府的立场,对地方政府有显著

---

① Huang, R. & Sun, X., "Dual mediation and success of environmental protests in China: A qualitative comparative analysis of 10 cases", *Social Movement Studies*, 2020, 19(4), pp. 408-425.

② 王军洋:《超越"公民"抗议:从企业竞争的角度理解邻避事件》,《中国行政管理》2017 年第 12 期。

的制约作用。① 当然,仅有媒体曝光也不足以促成地方政府改变决策,大规模的社会动员与平息事件的成本压力也是地方政府的重要考量,它们共同促成了地方政府的最终决策。第三条路径则是同时结合了政治精英的支持和媒体的广泛报道,这是由于白鸽湖垃圾焚烧厂已处于建设后期阶段,停工或搬迁的成本高昂,也就意味着需要更大的社会压力才能促使地方政府选择妥协。

此外,对环境行动未能促使政府改变决策的分析发现,缺乏政治精英支持是地方政府坚持原有计划的必要条件。进一步的定性比较分析显示,有四种条件组合导致地方政府选择不改变原有决策。前三种组合基本上缺乏各种有利条件,不足以对地方政府形成足够的压力。而在第四条路径中,虽然同时具备了媒体曝光度高和参与人数众多两个有利条件,仍不足以促成地方政府的妥协。这主要是因为取消或搬迁项目对地方政府而言成本过高,且政治系统内部对发展 PX 项目已经取得了共识。

① Li, Y., Koppenjan, J. & Verweij, S., "Governing environmental conflicts in China: Under what conditions do local governments compromise?", *Public Administration*, 2016, 94(3), pp. 806-822.

第六章
地方治理网络与回应转向

　　上一章考察了地方政府面对环境行动时所采用的回应策略,重点在于缓和与平息冲突事件、维持社会秩序与稳定。事实上,有些地方政府的目标不仅仅在于平息冲突事件,还在于调整与完善决策模式,通过对话协商、共识构建、利益协调等方式吸纳冲突,以期形成长效的、制度化的治理机制。比如,在北京阿苏卫垃圾焚烧案例中,政府不仅在小汤山镇专门设立了一个接访办公室解答居民的疑问,还邀请民间反对派领袖黄小山同赴日本考察垃圾处理新技术,政府与民众的互动最终促成了以生活垃圾分类与减量为主旨的《北京市生活垃圾管理条例》的出台。类似地,在番禺垃圾焚烧案例中,地方政府在满足居民的诉求后,还以积极主动的姿态与居民共同进行垃圾焚烧政策再制定,不仅通过专家研讨、网络问政等方式推动垃圾焚烧厂选址决策科学化与民主化,还开创性地成立了广州市城市废弃物处理公众咨询监督委员会,号召社会公众和专家学者共同参与广州生活垃圾处理问题的讨论、决策与监督。基于此,本章旨在考察:在面对冲突事件的情况下,为何有些地方政府会从事件性回应转向制度性回应,以及推动政府回应转向的因素有哪些。

一、政府回应冲突事件的现有研究

现有文献主要采用冲突-维稳的研究视角,考察地方政府对冲突事件采用的权宜式回应策略。蔡永顺的研究发现,面对冲突事件时,地方政府会采取容忍、压制、妥协和有原则地妥协等多种回应策略。不同策略的选择是基于政府对回应结果的成本与收益分析。采用压制策略可能会引发更大的冲突,甚至对政府的合法性构成挑战;而收益在于能够有效树立政府的权威,对其他群体性事件形成威慑。采用妥协策略需要政府承担经济补偿成本,加大对政府财政的压力,并且可能损害政府的权威,引发其他效仿行为;而收益在于能够快速平息冲突事件、增强政府的合法性。对不同层级的政府而言,成本与收益的优先等级是不同的。中央政府更加重视社会稳定与政权合法性,倾向于采取容忍策略;地方政府由于直接面对参与者,更为看重政府的权威性以及平息事件所要付出的成本，因而倾向于采取压制策略。① 也有研究发现，虽然压制策略是备选方案之一，但事实上地方政府对大多数的群体性事件采取了容忍策略，极少会真正使用压制策略。一方面，群体性事件大多源于市场化改革导致的利益分化，可以通过经济手段解决，并不对体制稳定构成威胁。另一方面，群体性事件是对地方政府滥用权力的一种制衡，有助于中央政府及时发现问题并对地方政府问责。在此背景下，地方政府倾向于对群体性事件采取宽容的态度，尽可能地对民众诉求予以回应。②

地方政府如何回应冲突事件受到事件的社会影响力和政府行为逻辑两方面因素的影响。事件的社会影响力是指冲突事件在多大程度上受到社会公众的关注。首先，冲突事件参与者的数量从一定程度上反映出相关诉求所拥有的民意基础，而民意基础是政府回应的一个重要考量。其次，破坏性行动策略乃至于暴力的使用对日常制度规范构成直接冲击，破坏社会稳定和秩序，从而迫使地方政府迅速回应。③ 最后，媒体对冲突事件的关注和报道有助于扩大事件

---

① 参见 Cai, Y., *Collective resistance in China: Why popular protests succeed or fail*, Stanford University Press, 2010。

② Tong, Y. & Lei, S., "Large-scale mass incidents and government responses in China", *International Journal of China Studies*, 2010, 1(2), pp. 487-508.

③ 参见 Piven, F. & Cloward, R., *Poor people's movements: Why they succeed, how they fail*, Vintage, 1979。

的影响力,动员社会公众支持,对政府形成舆论压力。①

政府行为逻辑也会影响回应策略的选择。对地方政府而言,追求政绩和维护社会稳定被认为是其两大核心治理目标。大型工业设施项目能够拉动当地的投资和就业,增加政府的财税收入,提升城市竞争力,成为地方官员政绩考核与晋升的巨大助力。这也解释了地方政府热衷于引进大型工业项目的原因。② 然而,一旦项目的选址问题引发了群体性冲突事件,就会触发地方政府的维稳动机。如果地方政府不能及时控制事态的发展,导致影响范围的扩大和舆论的升级,就有可能引发中央政府的介入和问责。这就意味着在面临冲突事件时,地方政府需要在这两种动机之间进行比较和权衡。

综上所述,现有文献聚焦于地方政府对社会冲突的事件性回应,采用冲突-维稳的研究视角考察地方政府面对冲突事件时的策略选择。然而,事件性回应模式面临多重治理风险。一方面,为了尽快平息事件,地方政府往往选择用经济补偿的方式来缓和矛盾,对参与者进行安抚,也就是通常所说的"花钱买平安"。然而,这种回应方式可能引发效仿效应,不断推高下一次的维稳成本,对地方财政构成沉重

① Shi, F. & Cai, Y., "Disaggregating the state: networks and collective resistance in Shanghai", *The China Quarterly*, 2006, 186(1), pp. 314-332.
② 王佃利、王玉龙、于棋:《从"邻避管控"到"邻避治理":中国邻避问题治理路径转型》,《中国行政管理》2017 年第 5 期。

的负担。另一方面，权宜性回应会损耗政府的公信力，加剧民众对政府的不信任，从而导致各种舆论风波。① 从治理的视角出发，由于在政治社会环境、目标理念、治理能力等方面存在差异，地方政府对冲突事件回应的成本-收益分析各不相同，从而会对冲突事件采用差异化的回应模式。为了更好地理解这个问题，我们有必要借鉴政策网络治理的研究成果。

二、政策网络治理的理论视角

政策网络是将网络理论引入公共政策领域，分析政策过程中不同主体间相互关系的一种分析方法。② 随着全球化与信息化的发展，公共治理问题变得日益复杂，公共政策不再是由政府单独制定的，而是政府机构、私人部门、社会团体等多个行动者之间互动的结果。考虑到政治资源的分散性，各个行动主体间处于相互依赖的关系。任何一个主体都不具备决定性的权力或资源，而是要通过与其他主体的交换或协商以促进目标的达成。从这个意义上说，政策网络可被定义为"一系列由于资源依赖而相互连结的组织网络，这个组织网络与其他组织网络由于资源依赖结构上

---

① 白彬、张再生：《环境问题政治成本：分析框架、产生机理与治理策略》，《中国行政管理》2017 年第 3 期。

② 孙柏英、李卓青：《政策网络治理：公共治理的新途径》，《中国行政管理》2008 年第 5 期。

的割裂而呈现出显著的分隔"①。具体而言,政策网络具有三个特征。第一,相互依赖性。各主体之间处于相互依赖的关系,每个主体都需要依赖其他主体才能达成目标。这种相互依赖性并不是静态的,而是在不同主体的互动过程中被发现的。第二,过程化。由于政策网络包含多个行动主体,且没有单一主体有充分的驾驭力能够决定其他主体的策略性行为。所有主体都有自身的目标与利益,因而也没有单一的目标能够被用来判断政策是否有效。换言之,政策是多个主体之间互动的结果。但这并不意味着所有主体在互动过程中拥有同样的权力。每个主体的权力大小取决于其所掌握的资源以及这些资源在政策过程中的重要性。第三,制度化。一个政策网络包含一种特定的关系模式。不同主体之间的依赖性以及由此形成的互动创造了主体间的关系模式。这些模式表现为一种特定的密度,且能持续较长时间。政策网络的行为规范由此产生,对主体之间的互动赋予意义并有助于维持特定的互动模式。②

　　为了对政策网络进行更为系统的阐释,罗德里克·罗

---

①　Benson, J., "A framework for policy analysis", in Rogers, D. & Whetten, D. (eds.), *Interorganizational coordination: Theory, research, and implementation*, Lowa State University Press, 1982, p. 148.

②　Klijn, E., "Analyzing and managing policy processes in complex networks: A theoretical examination of the concept policy network and its problems", *Administration and Society*, 1996, 28(1), pp. 90-119.

兹(Roderick Rhodes)和戴维·马什(David Marsh)将政策网络分为政策社群、专业化网络、政府间网络、生产者网络和议题网络五种类型。政策社群的特征包括成员间关系稳定、成员资格高度受限、纵向依赖关系强而横向依赖关系弱、成员之间协调度高。政策社群通常由政府职能部门构成，如教育部门、消防部门等。专业化网络是由专业人士组成的网络，体现出相当程度的纵向依赖关系，与其他政策网络呈现明显的分隔。政府间网络是由地方政府代表机构组成的网络，其主要特征包括协会型的会员构成、公共服务类型多样、纵向依赖关系有限而横向间联系广泛。生产者网络的特征包括以经济利益为主要代表(包括公共部门和私人部门)、成员构成不稳定、以工业组织为核心的资源依赖、不同经济利益之间的相互依赖关系较弱。议题网络的特征包括有大量的成员参与其中、成员之间的依赖程度较低、网络的稳定性与连续性较低、网络结构呈现原子化倾向。[①]

总体而言，这五种类型的政策网络是根据网络联结的紧密度、稳定性与排他性而形成的一个连续统。然而我们可以看到，尽管对政策社群与议题网络分别位于连续统的两端这一点并无疑义，但其他几种类型的网络在这个连续统中所处的位置并不清晰。这是因为罗兹和马什关于政策

---

① Rhodes, R. & Marsh, D., "New directions in the study of policy networks", *European Journal of Political Research*, 1992, 21, pp. 181-205.

网络的分类中夹杂了两个不同的维度,除了之前提到网络联结的紧密度与稳定性之外,罗兹和马什还加入了政策网络所代表的主要利益这一维度,比如,分别代表专业人士、经济生产与地方政府利益的政策网络。后来,罗兹和马什也发现,可能并不存在仅由专业人士或生产者所主导的政策社群,因为政策社群或者由政府主导,或者服务于由社群中所有成员经过磨合所形成的共同利益。出于这些考虑,罗兹和马什调整了他们的分类模型,最终保留了政策社群与议题网络这两种类型的政策网络,并进一步完善了这两种政策网络的主要特征(见表 6.1)。①

表 6.1　政策网络的两种类型:政策社群和议题网络的特征

维度	政策社群	议题网络
1. 成员构成		
(a) 参与者数量	非常有限的成员数量,一些团体被故意排斥	大量参与者
(b) 利益类型	经济与/或专业利益主导	涵盖大范围受影响的利益
2. 连结度		
(a) 互动频率	所有团体对政策议题相关事项有经常性、高质量的互动	互动频率和密度并不稳定

① Rhodes, R. & Marsh, D., "New directions in the study of policy networks", *European Journal of Political Research*, 1992, 21, pp. 181-205.

（续表）

维度	政策社群	议题网络
(b) 连续性	成员构成、价值观及其成果能延续较长时间	成员进入具有明显的波动性
(c) 共识度	所有参与者共享基本的价值观并且接受结果的合法性	有一定程度的共识但矛盾也经常存在
3. 资源		
(a) (网络的)资源分配	所有参与者都拥有资源，基本的网络关系是一种交换关系	一些参与者可能有资源，但资源非常有限，基本的网络关系是一种协商关系
(b) (参与组织的)资源分配	等级化的，领导能指挥下属	调节成员关系的资源和能力多样化且易变
4. 权力	成员之间权力均衡。尽管一个团体可能处于主导地位，但想要社群得以延续，网络内必须是正和博弈	不平等的权力关系反映出不平等的资源和不平等的进入渠道。这通常是一个零和博弈

资料来源：Rhodes, R. & Marsh, D., "New directions in the study of policy networks", *European Journal of Political Research*, 1992, 21, p. 187。

　　除资源相互依赖外，信念体系也被认为是推动政策网络形成与发展的一股重要动力。在这一流派之中，最为著名的是保罗·萨巴蒂尔(Paul Sabatier)和克里斯多夫·魏勃(Christopher Weible)提出的倡议联盟框架。两位研究者认为，不同的参与者对公共政策怀有不同的信念，信念的差异导致参与者之间的对立与竞争关系。为了从竞争对手中胜出、将自己的信念体系转化为真正的政策，参与者需要寻找同盟、共享资源并制定相应的行动策略。参与者寻找与自己持有相似的政策核心理念的人作为同盟,这些同盟来自多个行政层级的立法者、行政官员、利益集团领袖、法官、专家学者等。如果这些同盟之间能形成一定程度的组织协调,倡议联盟就产生了。[①]

信念体系是倡议联盟框架的核心要素。为了进一步对信念体系进行阐释,萨巴蒂尔和魏勃提出了三层信念体系结构。最广泛的层次是深层核心信念,是指个体最深层的世界观、人生观与价值观。这些根深蒂固的观念会影响一个人对绝大部分政策的看法,包括对自由与平等的态度、政府与市场应有的关系、社会福利应当如何在不同群体间进行分配等。深层核心信念很大程度上是儿童社会化的产物,非常难以改变。第二个层次是政策核心信念,是指个体对整个政策子系统的深层核心信念。政策核心信念包括:与政策相关的不同价值观的优先顺序;哪个社会群体的福利不能被忽略;政府与市场的相对权威;普通公众、选举官员、行政人员、专家等分别应当承担的角色;子系统中政策问题的相对严重程度以及产生根源;等等。根据倡议联盟框架,政策参与者对政策子系统内部的各种关系非常了解,因而愿意投入时间和精力将深层核心信念转化为政策核心

---

① Sabatier, P., & Weible, C., "The advocacy coalition framework: Innovation and clarifications", in Sabatier, P. & Weible, C. (eds.), *Theories of the policy process*, Westview Press, 2007, pp. 189-222.

信念。在一些政策子系统中,政策参与者对一个或几个政策解决方案存在争议,这种信念被称为政策核心政策偏好。政策核心政策偏好是关于政策子系统应当如何的规范性信念,这种信念为倡议联盟提供了愿景与行动指引,同时还有助于团结同盟与分化对手。从这个意义上说,政策核心政策偏好可能是倡议联盟最为重要的联结纽带。第三个层次是次级信念,其所涉及的范围相对狭窄且主要关注政策项目的运作细节,因而也相对容易被影响和改变。①

　　政策网络并非一成不变,而是处于动态变化之中。由于网络中的不同主体之间处于相互依赖、相互博弈的关系中,并不存在一个绝对的权威能够命令或规定其他主体的行动。每个主体都有自己的目标并试图通过行动影响政策过程,而最终的政策结果则取决于不同主体及其行动策略之间的互动。从这个意义上说,政策网络中的政策制定是一个复杂的、不可预测的动态过程。为了克服复杂互动中可能存在的障碍,促进不同主体间的合作,提升政策网络治理的效率,对政策网络的管理必不可少。虽然借用了"管理"这个词,但政策网络的管理与传统意义上的管理是两种完全不同的管理。传统意义上的管理是以等级制为基础,以计划、组织、指挥、协调与控制为要素的过程。领导者制

---

① Sabatier, P., & Weible, C., "The advocacy coalition framework: Innovation and clarifications", in Sabatier, P. & Weible, C. (eds.), *Theories of the policy process*, Westview Press, 2007, pp. 189-222.

定组织的目标和规划,协调达成目标所需的人力与资源,再运用指挥、控制等手段确保计划顺利实施。然而,这种传统意义上的管理并不适用于政策网络情境。如前所述,政策网络包含多个参与主体,没有一个主体有足够的权力决定其他主体的行动策略。在此背景下,管理应当被理解为制定网络中的互动规则、推动不同主体间的互动以达成共同治理目标的过程。两种不同视角对管理的定义与特征见表 6.2。

表 6.2 传统与网络视角下的管理

管理内涵	传统视角下的管理	网络视角下的管理
对(政策)过程的看法	政策过程通过问题形成、备选方案和决策等阶段有序推进; 过程具有清晰的权威结构; 问题是政策过程的基础	政策过程通过不同主体间复杂互动的方式推进; 缺乏明确的、没有争议的权威结构(权威与权力取决于网络中的资源和规则); 问题和解决方案是在政策过程中产生的
管理者的角色	系统控制者; 自上而下地(确保目标有序完成)	调停者/过程管理者; 为不同主体间的成功互动塑造与改变相应条件
管理者的活动	计划(策略形成); 组织; 领导	寻找不同主体间的共识(建立联盟); 挑选其他参与主体; 建立并维持不同主体间的沟通渠道

资料来源:Klijn, E., "Analyzing and managing policy processes in complex networks: A theoretical examination of the concept policy network and its problems", *Administration and Society*, 1996, 28(1), p. 106。

埃里克·科林奇(Erik Klijn)从管理层次和管理目标两

環境行動与政府回应:议题、网络与能力

个维度出发,建立了网络管理策略的类型学(见表6.3)。一方面,管理策略可以旨在改变一次特定的博弈、一系列的博弈乃至政策网络的构成,管理层次包括政策管理、过程管理和网络构成三个层次。在政策管理层次,博弈的规则被认

表6.3　网络管理策略的类型学

管理目标	管理层次		
	政策管理	过程管理	网络构成
主体	—	选择性激活; 选择博弈方式; 影响主体的相互依赖性	引入新的参与主体; 改变现有参与主体间的位置
观念	促进目标融合; 讨价还价; 提供激励以影响其他主体的策略	创新: 通过对现有观念的阐述(引入第三者的新思想、组织头脑风暴等)改变对具体政策过程的内容与互动方式的看法	再框架化: 根本性地改变观念(关于目标或主体之间的互动规则或互动关系)
制度	—	创造/改变制度安排,以确保不同主体间互动的联结(项目小组、推动者/调停者等); 为一系列博弈制定互动规则	改变分配物质或权威性资源的(正式的)法律; 改变长期性组织安排(例如,改变咨询机构、协商程序等); 改变(正式的)互动规则(例如,矛盾调解机制)

资料来源:Klijn, E., "Analyzing and managing policy processes in complex networks: A theoretical examination of the concept policy network and its problems", *Administration and Society*, 1996, 28(1), p.106。

为是给定的,管理策略意味着在给定的规则范围内影响其他主体的目标或行为。在过程管理层次,管理者试图改变博弈的规则设定或者博弈的生态环境。他们不仅关注具体的政策产出,更有志于改变不同主体间的互动过程。在网络构成层次,管理策略旨在改变整个网络的构成,包括参与主体的数量或他们之间的关系模式。另一方面,在不同的管理层次上,管理者可以选择不同的方面作为管理策略的重点目标。从博弈的角度出发,管理目标包括参与主体、观念认知和制度环境。尽管这三个方面不能完全互斥,但仍可作为不同管理策略的起点。①

综上可见,政策网络治理理论指出了政策制定过程的多元化趋势,强调了多元行动者及其互动模式对政策结果的影响,有助于我们理解地方政府对环境冲突事件的回应转向。李东泉和李婧的研究发现,政策网络特征是促使地方政府回应转向的关键因素。具体而言,政府主导下多元主体共同参与的政策制定过程、网络成员的异质性与弱关系,以及各主体通过学习行为建立的信任机制,共同推动了政府与居民从冲突到合作的良性互动。② 刘毅等人从治理

---

① Klijn, E., "Analyzing and managing policy processes in complex networks: A theoretical examination of the concept policy network and its problems", *Administration and Society*, 1996, 28(1), pp. 90-119.

② 李东泉、李婧:《从"阿苏卫事件"到〈北京市生活垃圾管理条例〉出台的政策过程分析:基于政策网络的视角》,《国际城市规划》2014 年第 1 期。

网络的视角出发，发现认知因素、社会因素、制度因素、治理过程和外部事件五方面的因素有助于解释大连市政府对PX事件的回应模式。在认知方面，PX化工厂成为一个高风险的代名词，并自始至终主导了整个事件的框架。在社会方面，社交媒体上的网络舆论及大规模群体性事件对地方政府形成巨大的压力。在制度方面，封闭的决策模式、地方政府与企业间的关系、政府内部各自为政的官僚思维、中央和地方政府间的分化、不同层级政府应对冲突事件时相互不协调以及缺少环保组织持续监督功能等因素导致政府与居民之间缺乏对话与沟通机制。在治理过程方面，政府着重于事件的解决而非协商机制的建立。在外部事件方面，受强台风"梅花"的影响，PX化工厂防波堤被冲毁，厂内化工产品陷入险境，引发大连市民的恐慌。① 在我国环境行动的情境下，地方治理网络包括地方政府、社区居民、相关企业、专家学者、新闻媒体、环保组织等主体。地方政府在地方治理网络中处于核心位置，很大程度上决定了治理网络的形态，包括是否欢迎新成员的进入、是否容易产生变革性的政策结果等。从政策网络治理理论出发，政策网络的结构形态与运作模式会影响政策结果。下面三节内容先介绍两个由环境行动引发政策变迁的案例，分别是北京阿苏

① Liu，Y.，Li，Y.，Xi，B. & Koppenjan，J.，"A governance network perspective on environmental conflicts in China: Findings from the Dalian paraxylene conflict"，*Policy Studies*，2016，37(4)，pp. 314-331.

卫垃圾焚烧事件与广州番禺垃圾焚烧事件,然后从政策网络治理的角度分析这两个案例。

三、阿苏卫事件与《北京市生活垃圾管理条例》的出台

随着城市规模迅速扩大,生活垃圾产生量的快速增长,北京市面临严峻的生活垃圾处理难题。据报道,北京每天产生生活垃圾 1.84 万吨,如果用装载量 2.5 吨的卡车来运输,连在一起能够排满三环路整整一圈。① 按照目前生活垃圾产生量年均 8% 的增长速度,预计几年之后北京现有垃圾填埋场将被全部填满。② 为解决垃圾围城困境,北京市早在 2004 年就颁布了《北京市生活垃圾治理白皮书》,这是北京市政府制定的第一份向社会公开发布的关于生活垃圾治理的文件。《北京市生活垃圾治理白皮书》提出,2008 年前要完成新建 15 座垃圾处理设施,包括 3 座垃圾焚烧厂,形成日处理垃圾 1.25 万吨的能力。2007 年颁布的《北京市"十一五"时期固体废弃物处理规划》进一步明确,北京市生活垃圾处理系统将由以填埋为主的方式向资源综合利用方式转变,拟新建生活垃圾处理设施 23 座,使城区垃圾通过焚烧、堆肥、填埋工艺处理的比例达到 4∶3∶3。生活垃圾处理设

---

① 《北京每日生活垃圾近 2 万吨》(2015 年 5 月 20 日),新浪网,https://news. sina. cn/gn/2015-05-20/detail-ianfzhne7161704. d. html,最后浏览日期:2019 年 10 月 13 日。

② 同上。

施建设计划包括 4 座垃圾焚烧厂,阿苏卫垃圾焚烧厂也位列其中。

阿苏卫位于北京市昌平区百善镇和小汤山镇的交界处,临近北六环。阿苏卫垃圾填埋场是北京最早也是最大的垃圾填埋场,1986 年开始修建,1994 年投入运营。填埋场附近几公里范围内分布着 4 个村庄,包括阿苏卫村、二德庄、牛房圈和百善村。自垃圾填埋场运营以来,村民们忍受着垃圾填埋场散发的阵阵恶臭。

2007 年,阿苏卫垃圾焚烧厂建设项目启动,由北京环卫集团和京能集团共同注资成立的北京华源惠众环保科技有限公司建设运营,项目总投资超过 8 亿元,焚烧能力为 1 200 吨/日。2009 年,阿苏卫焚烧厂项目启动环境影响评价工作。政府决定将阿苏卫焚烧厂附近 4 个村庄进行集体搬迁,由于有昌平区政府对搬迁的承诺,周边村民反应平稳。

离垃圾焚烧厂稍远一点的小汤山镇建有多个高档别墅区,包括保利垄上、纳帕溪谷等,统称奥北社区。最早发现要在阿苏卫建设垃圾焚烧发电厂的是保利垄上的一位陈女士。2009 年 7 月底的一天,陈女士去小汤山镇政府反映公路噪声问题时,偶然发现了镇政府大厅里张贴的关于新建阿苏卫垃圾焚烧发电厂的环境影响评价公示,此时距离公告期结束已经不剩几天。该消息在奥北社区引发轩然大波。保利垄上的居民要求面见镇长,却被告知镇长外出培训了。申诉未果后,奥北社区居民迅速在网上掀起了反建阿苏卫垃圾焚烧厂的热潮,还成立了一个维权小组。①

2009 年 8 月 1 日,居民采取了第一次线下维权行动。58 辆私家车组成的车队从保利垄上出发,沿着附近的社区巡游,每辆车上都贴着"坚决抵制二噁英危害"等标语,反对政府在阿苏卫新建垃圾焚烧厂。第二天,镇政府相关领导与居民代表进行沟通。居民认为垃圾焚烧项目的环境影响评价公示不够显眼,并不能起到告知的目的。政府表示会重新进行公示,并承诺环境影响评价不通过,垃圾焚烧项目不会开工。然而,种种迹象却表明政府并没有停建的打算。一方面,保利垄上的业主准备筹建业主委员会,以便集合业主的力量进行反建维权,但多次遭到居委会、物业公司的阻挠,最终导致业委会的选举流产。另一方面,北京主流媒体仍继续宣传阿苏卫循环经济园,称该项目将于年底动工。

得知阿苏卫垃圾焚烧项目将在"北京环境卫生博览会"上展出后,奥北社区居民决定利用这个机会组织一次和平示威。2009 年 9 月 4 日,上百名居民在农展馆门口集合,打出"以妻儿老小的名义坚决反建阿苏卫垃圾焚烧厂"等标语横幅表示抗议。"9·4 事件"对政府和居民都形成了冲击,促使双方的态度发生了转变。一方面,北京市政府在小汤山镇政府设立了一个接访办公室,由北京市市政市容管理委员会固体废弃物管理处副处长坐镇,回答居民的疑问,这

① 《博弈阿苏卫》(2010 年 4 月 8 日),网易网,https://www.163.com/money/article/63OP21LB00253G87.html,最后浏览日期:2019 年 10 月 9 日。

个接访活动持续了近一个月。另一方面，社区居民成立了"奥北志愿者小组"，耗时三个月完成了一份长达77页的垃圾焚烧政策研究报告——《中国城市环境的生死抉择——垃圾焚烧政策与公众意愿》。报告通过系统研究大量科学成果和国际经验，论及垃圾焚烧厂的健康风险、社会代价、投资成本、处理效益等方面，认为城市混合垃圾直接焚烧发电技术正在走向衰亡，垃圾资源化与零垃圾政策是大势所趋，而中国目前的垃圾焚烧政策可能造成一场生态灾难。2009年年底，奥北社区居民黄小山参加凤凰卫视关于阿苏卫事件的节目录制，结识了北京市市政市容管理委员会总工程师，并借此机会向他提交了这份报告。①

2010年2月22日，北京市市政市容管理委员会官员、专家、市民代表黄小山及媒体记者等七人赴日本考察垃圾处理新技术。黄小山每天都通过媒体分享考察期间的所见所闻与心得感悟。这趟考察被称为化解政府与民众激烈对立的破冰之旅。3月13日，黄小山在接受中央电视台"两会特别报道"采访时表示，仍然反对国内现阶段通过垃圾焚烧的方式来处理垃圾："我们认为垃圾焚烧要具备若干前提，这些前提不具备的情况下，简单地用垃圾焚烧的方式进行处理，会是一场大灾难。"②3月17日，北京市市政市容管理

---

① 李思磐：《反垃圾焚烧维权突围记 北京奥北别墅区业主PK亚洲最大垃圾焚烧厂》，《南方都市报》，2010年3月3日。

② 《博弈阿苏卫》(2010年4月8日)，网易网，https://www.163.com/money/article/63OP21LB00253G87.html，最后浏览日期：2019年10月9日。

委员会发布了《关于居民反映阿苏卫填埋场及焚烧厂建设、环境相关问题的答复意见》，明确表示在未获得环境影响评价批复之前，阿苏卫垃圾焚烧厂项目不会开工建设。这意味着政府决定暂停阿苏卫垃圾焚烧项目。

垃圾焚烧由此成了一个媒体争相报道的热门话题。2010年6月，中央电视台《新闻调查》栏目播出《垃圾困局》调查实录，邀请了北京市市政市容管理委员会总工程师王维平、清华大学环境科学与工程系教授聂永丰、中国城市建设研究院总工程师徐海云等"主烧派"和中国环境科学研究院研究员赵章元、阿苏卫居民代表黄小山、郭威等"反烧派"，共同讨论城市生活垃圾的处理之道。尽管各方对垃圾该不该烧这个问题争论激烈，但都有一个共识，就是首先必须对生活垃圾进行源头减量和分类。① 此后，北京市政府将工作重点转向垃圾源头减量，着手调研并起草了《北京市生活垃圾管理条例》，其中涉及生活垃圾分类、垃圾计量收费、垃圾填埋场建设等诸多居民关注的问题。② 《北京市生活垃圾管理条例》于2011年11月获市人大批复，2012年3月正式实施。《北京市生活垃圾管理条例》明确提出遵循减量化、资源化、无害化的方针和城乡统筹、科学规划、综合利用

① 《北京阿苏卫垃圾焚烧困局》(2010年6月26日)，新浪网，http://news.sina.com.cn/c/sd/2010-06-26/232220555316.shtml，最后浏览日期：2019年10月9日。
② 李东泉、李婧：《从"阿苏卫事件"到〈北京市生活垃圾管理条例〉出台的政策过程分析：基于政策网络的视角》，《国际城市规划》2014年第1期。

的原则,逐步建立和完善生活垃圾处理的社会服务体系;同时,还提出按照"多排放多付费、少排放少付费""混合垃圾多付费、分类垃圾少付费"的原则,逐步建立计量收费、分类计价、易于收缴的生活垃圾处理收费制度。《北京市生活垃圾管理条例》的出台为北京市生活垃圾分类与减量提供了重要的指导方针与法律依据。

与此同时,尽管进行了诸多尝试,北京市在生活垃圾末端处理方面仍进展缓慢,政府不得不重启垃圾焚烧计划。2013 年,北京市政府颁布了《北京市生活垃圾处理设施建设三年实施方案(2013—2015 年)》(京政发〔2013〕12 号),明确提出 2015 年底前要新增生活垃圾处理能力 18 000 吨/日,垃圾焚烧和资源化处理比例达到 70％以上。2014 年,北京市政府再次将阿苏卫垃圾焚烧项目提上议程。与 5 年前的方案相比,阿苏卫焚烧垃圾厂的垃圾处理量由原先的 1 200 吨/日扩建为 3 000 吨/日。项目建设总投资为 34 亿元,政府还拿出 70 亿元用于阿苏卫附近 4 个村庄的拆迁。[1] 2014 年 7 月和 12 月,阿苏卫循环经济园项目进行了两次环境影响评价公示。其间,北京市市政市容管理委员会还召开新闻发布会,表示阿苏卫垃圾焚烧项目将会采取四项措施以实现排放数据的公开:第一,焚烧厂外设有电子公示牌,实时显示烟气排放数据;第二,焚烧厂每周定期向

---

[1] 《北京阿苏卫垃圾焚烧项目重启　仍遭居民反对》(2015 年 5 月 22 日),界面新闻网,https://www.jiemian.com/article/287109.html,最后浏览日期:2019 年 10 月 9 日。

社会开放,市民可预约参观;第三,委派专业监管人员每月到现场考评;第四,采取公开招标的方式选择第三方专业机构驻场监督。① 阿苏卫周边小区仍有居民反对垃圾焚烧厂的选址决定,并通过申请环境行政许可听证会、行政复议、行政诉讼等方式试图阻止垃圾焚烧厂的建设,均无果。最终阿苏卫循环经济园于 2017 年年底建成投产。

四、番禺事件与广州市城市废弃物处理公众咨询监督委员会的成立

2009 年 2 月,广州市政府网站发布了《关于番禺区生活垃圾焚烧发电厂项目工程建设的通告》,说明番禺区生活垃圾焚烧发电厂经过四年的筹备,决定选址于大石镇会江村,占地 365 亩,日垃圾处理量为 2 000 吨。《关于番禺区生活垃圾焚烧发电厂项目工程建设的通告》强调,该项目为广州市政府的重点项目,要求工程建设范围内的单位和个人不得阻挠建设工程的测量、钻探、施工以及征地拆迁工作。9 月 24 日,番禺区市政园林局局长表示垃圾焚烧厂已基本完成征地工作,国庆之后正式动工。

这一消息引发了周边居民的高度关注。垃圾焚烧厂选址周边汇集了十多个超大规模的楼盘,包括丽江花园小区、

---

① 《阿苏卫垃圾焚烧厂重启建设:投资 34 亿 3 年后投用》(2014 年 12 月 26 日),搜狐网,http://news.sohu.com/20141226/n407294934.shtml,最后浏览日期:2019 年 10 月 9 日。

海龙湾小区、祈福新邨、华南碧桂园等,有 30 万中产业主在此居住,俗称华南板块。居民担心垃圾焚烧产生的二噁英会给当地社区带来环境和健康影响,在网络论坛、**QQ** 群里对番禺垃圾焚烧项目展开了热烈的讨论。2009 年 10 月 18 日,番禺居民前往广州市垃圾焚烧的样板工程——李坑生活垃圾焚烧发电厂进行考察,发现垃圾焚烧厂附近的水源被污染,垃圾运转过程中时常散发恶臭,李坑逐年递增的癌症发病率也被认为与垃圾焚烧厂运营有关。居民迅速将李坑垃圾焚烧厂的调研情况发表在互联网上,并通过派发传单、收集签名、表演口罩秀、组织晒车大会等活动表达反建意见。

2009 年 10 月 30 日,广州市政府就番禺生活垃圾焚烧发电厂项目召开情况通报会,主要表示和强调:一方面,政府不可能上一个污染项目,承诺在项目的环境影响评价没通过之前不会开工;另一方面,广州市生活垃圾处理压力很大,而焚烧技术是目前最优的处理方式。广州市政府还邀请了来自清华大学、中国科学院、环境科学研究所等的四位专家对垃圾焚烧的科学技术问题进行详细说明。专家表示垃圾焚烧不会造成污染,并声称烤肉产生的二噁英比垃圾焚烧要高出 1 000 倍。① 11 月 5 日,作为第三方的广东省省情调查研究中心发布《番禺区"生活垃圾焚烧发电厂"规划

---

① 《番禺称建垃圾焚烧厂较适合现状 环评不过不开工》(2009 年 10 月 31 日),搜狐网,http://news.sohu.com/20091031/n267864673. shtml,最后浏览日期:2019 年 11 月 11 日。

建设民意调查报告》,报告显示,97％的受访市民反对该项目,选址周边2公里内居民的反对率更是达到100％。[①] 而同一天,《番禺日报》以头版头条发布了题为《建垃圾焚烧发电厂是民心工程》的报道,称番禺区70多位人大代表视察了垃圾焚烧项目的选址现场,认为这是为民办好事、办实事的民心工程。

　　11月22日,广州市政府再次就番禺生活垃圾焚烧发电厂项目建设情况召开新闻通报会。市政府副秘书长表示,指望垃圾分类能解决所有生活垃圾处理问题是乌托邦,政府将坚定不移地推动垃圾焚烧。除广州中心城区外,不仅番禺要建垃圾焚烧厂,从化、增城、花都等地区也要建。[②] 这一强硬表态最终激怒了番禺居民。11月23日,恰逢广州市城市管理委员会(现城市管理和综合执法局)成立后的第一个公开接访日,近千名番禺居民聚集到广州市城市管理委员会和广州市信访局门口上访。然而。广州市城市管理委员会的接访日只有半天时间,意见根本无人听取。于是居民手持标语,喊着"抵制垃圾焚烧""领导出来接访"等口号,向广州市政府前进。广州市副市长接到报告后前往接访。然而,由于政府关于上访者只能选派五名代表的要求遭到居民拒绝,副市长与居民始终没能碰面。

---

① 《番禺建垃圾发电厂民调报告出炉　九成七反对》(2009年11月5日),搜狐网,http://gd.sohu.com/20091105/n267986685.shtml,最后浏览日期:2019年11月11日。
② 何雄飞:《站在垃圾山上的番禺公民》,《新周刊》2010年第1期。

散步事件之后，番禺居民发觉广州市政府推行垃圾焚烧的强硬态度颇有蹊跷，开始追踪政府与焚烧厂商之间的利益链条。由于华南板块居住了大量媒体记者，居民挖掘、报料的信息很快都见诸地方媒体，引发社会的关注。11 月 30 日，《南方都市报》刊发一篇题为《垃圾焚烧是朝阳产业 "广日"特许经营利润巨大》的报道。文中指出，垃圾焚烧是有巨大利润的朝阳产业，广州市政府规定的垃圾处理补贴费为每吨 140 元，目前广州市每天的垃圾产生量为 1.2 万吨，按此计算，广州市政府全年的垃圾处理补贴费超过 6 亿元。广州市政府把生活垃圾终端处理特许经营权授予广日集团，为期 25 年，这意味着广日集团仅凭垃圾处理补贴费就可获得 150 亿元。① 12 月 2 日，中央电视台的《24 小时》栏目播出《广东番禺垃圾焚烧事件——有官员被指与垃圾焚烧利益相关》，揭露了广州市政府副秘书长与垃圾焚烧产业之间的关系。12 月 4 日，《南方都市报》同一天刊发了两篇关于广日集团的调查报告。一篇报道详细追溯了广日集团作为一家以生产电梯而闻名的企业是如何进军广州市垃圾焚烧产业，直至取得广州市生活垃圾终端处理权的。另一篇报道则揭露了广州市市容环境卫生局领导用车由广日集团提供，而时任广州市政府副秘书长曾是广州

---

① 《垃圾焚烧是朝阳产业 "广日"特许经营利润巨大》（2009 年 11 月 30 日），中国新闻网，http://www.chinanews.com/cj/news/2009/11-30/1991909.shtml，最后浏览日期：2019 年 11 月 13 日。

市市容环境卫生局局长。

政府与垃圾焚烧厂商之间利益链条的曝光促使政府转变应对策略。12 月 10 日,番禺区政府召开创建垃圾处理文明区介绍会,表示将暂缓垃圾焚烧发电厂项目选址及建设工作,并发布了《创建番禺区垃圾处理文明区工作方案(征求意见稿)》,宣布该区将重新修编垃圾处理的系统规划,一方面将聘请专业机构开展垃圾处理规划和区域环评,另一方面将由政府部门、专家、市民代表共同参与垃圾焚烧厂的选址决策。12 月 20 日,番禺区委书记应丽江花园居民代表"巴索风云"的邀请,前往丽江花园与居民进行座谈。在座谈会上,番禺区委书记再次重申,大石镇会江村的垃圾焚烧发电厂项目已经正式停建,相关的重新选址将会于亚运会结束之后的 2011 年再启动。12 月 21 日,广州市政府常务会议原则通过了《关于重大民生决策公众征询工作的规定》,提出包括环境保护在内的 12 个重大民生领域的决策过程须经过拟制、审核、公示、审定四个阶段,广泛听取民意,充分调查论证。

2010 年 1—3 月,广州市政府启动了以"广州垃圾处理政府问计于民"为主题的公众建议征询活动,在大洋网、南方网、奥一网及金羊网四家网络媒体上开设专题讨论区,就生活垃圾处理主要采取焚烧、填埋还是堆肥方式听取市民意见,统一收集后供政府决策。同年 2 月,政府召开广州生活垃圾处理专家咨询会,邀请全国 32 名专家参会讨论广州市垃圾处理方案,最终形成了由所有专家签字认可的咨询意见书。

2011 年 3 月,广州市召开深入推进生活垃圾处理动员部署大会,市长在会上表示要加快包括番禺焚烧发电厂在内的垃圾处理设施的建设。2011 年 4 月 12 日,番禺区政府召开"番禺垃圾焚烧发电厂规划选址发布会"。政府首先公布了民意收集的结果,市民赞成焚烧多于填埋。依据为以下两点:第一,网上共收到 735 条信息,其中反对垃圾填埋的 27 条,支持垃圾焚烧处理的 103 条,赞成并另外推荐焚烧技术的 87 条,提出其他处理方式的 49 条;第二,政府召开了生活垃圾处理专家咨询会,与会的 32 名专家中有 31 名一致认同垃圾焚烧技术是广州市生活垃圾处理的优先选择。① 在此基础上,政府宣布了番禺垃圾焚烧发电厂的五个备选点,分别位于东涌镇、榄核镇、沙湾镇、大岗镇和大石镇,并鼓励市民积极参与选址投票,最终垃圾焚烧厂的选址将根据公众意见和专家论证确定。6 月 15 日是"五选一"意见收集截止日,根据投票结果,大岗镇以 53 740 票支持成为首选。② 2012 年 7 月,番禺区政府正式公布番禺生活垃圾综合处理厂将从原定的大石镇改为大岗镇。

番禺垃圾焚烧厂的选址风波使居民意识到广州市生活

① 《垃圾焚烧再选址 民意互动务求扎实》(2011 年 4 月 14 日),搜狐网,http://green. sohu. com/20110414/n305789850. shtml,最后浏览日期:2019 年 11 月 16 日。

② 《"五选一"意见收集今日零时截止》(2011 年 6 月 16 日),新浪网,https://news. sina. com. cn/o/2011-06-16/060122649547. shtml,最后浏览日期:2019 年 11 月 16 日。

垃圾处理所面临的严峻挑战,并开始积极地寻求解决之道。丽江花园居民代表"巴索风云"成立了名为"宜居广州"的环保组织,旨在从社区层面推动垃圾分类,以期从源头上解决广州市的垃圾困境。"宜居广州"很快在广州市民政局注册成立,并招募到 40 余名核心志愿者,其中不少志愿者来自参与番禺事件的社区居民。"宜居广州"与政府、企业等进行合作,共同倡导并推动零废弃社区生活。

与此同时,广州市政府也采取了一系列的创新举措,在全市范围内推动垃圾分类与资源回收利用。其中,最具开创性意义的是组织成立了广州市城市废弃物处理公众咨询监督委员会(简称"公咨委")。这是广州市第一次就重大公共政策与服务议题在市一级层面成立公众咨询机构。[1] 广州市公咨委包括 30 名委员,其中 19 名委员是由社会公众组成的公众咨询监督委员会,11 名委员是由专家学者组成的专家技术委员会。公众咨询监督委员会包括市民代表 12 名、企业代表 3 名与社团组织代表 4 名,市民代表中有好几位都是来自垃圾焚烧厂或填埋场附近的社区居民。[2] 广州市市长陈建华表示,成立公咨委是为了保障市民对城市废弃物处理的知情权、表达权、参与权与监督权,调动市民

---

[1]　徐海星、黄少江、成广伟:《融专家智慧　听民众呼声　全力以赴打好垃圾处理攻坚战》,《广州日报》,2012 年 8 月 5 日,第 A1—A2 版。

[2]　《广州市城市废弃物处理公众"咨委会"名单出炉》(2012 年 7 月 13 日),凤凰网,https://news.ifeng.com/c/7fcf6JKCB9y,最后浏览日期:2023 年 2 月 14 日。

参与城市废弃物处理和全过程监督的积极性，进而推动城市废弃物处理科学与民主决策。[1] 公咨委定期召开会议，对广州市生活垃圾分类、计量收费等问题展开商讨并提出相应的优化建议。

五、对两个案例的比较分析

在两个案例中，环境行动都引发了垃圾焚烧政策的变迁，但变迁的内容和层次存在一些差异。根据科林奇的分类，政策变迁既包括改变一次特定的博弈或者一系列博弈，也包括从整体上改变政策网络的构成。[2] 在北京阿苏卫垃圾焚烧案例中，小汤山镇居民的反对虽然成功使垃圾焚烧厂建设停滞了一段时间，但后来由于找不到更好的解决方案，北京市政府在五年后又将阿苏卫垃圾焚烧项目提上议程。而且与五年前的方案相比，垃圾焚烧厂的规模被进一步扩大，焚烧垃圾处理量由原先的 1 200 吨/日扩建为 3 000 吨/日。考虑到之前遭遇过争议，阿苏卫垃圾焚烧项目重启计划的推进显得坚定而高效。即使依然受到部分民

---

[1] 徐海星、黄少江、成广伟：《融专家智慧　听民众呼声　全力以赴打好垃圾处理攻坚战》，《广州日报》，2012 年 8 月 5 日，第 A1—A2 版。

[2] Klijn, E., "Analyzing and managing policy processes in complex networks: A theoretical examination of the concept policy network and its problems", *Administration and Society*, 1996, 28(1), pp. 90-119.

众的质疑,在环境行政许可听证会上各方参与者也并未达成共识,北京市环境保护局还是在听证会结束五天后就对阿苏卫垃圾焚烧项目环境影响评价进行了批复。2017年年底,阿苏卫垃圾焚烧厂在原址建成并投产。因此,从政策结果来看,居民行动并没有达成既定目标。

但与此同时,奥北社区居民的行动又确实推动了政策过程的改变。一开始,居民刚刚得知阿苏卫垃圾焚烧厂建设的消息时,曾到小汤山镇政府要求面见镇长,了解项目的情况,镇政府却以镇长外出培训为由拒绝沟通。然而在"9·4事件"之后,政府转变了态度,不仅专门在小汤山镇设立了一个接访办公室,由北京市市政市容管理委员会固体废弃物管理处副处长坐镇解答居民的疑问,后来还邀请社区居民代表黄小山一同赴日本考察垃圾处理新技术,并全程接受媒体的采访。这些举措意味着政府与居民之间的互动方式发生了变化。更重要的是,居民反焚行动引发了公众对城市生活垃圾焚烧政策的讨论,推动了各方对生活垃圾源头减量的共识的形成,最终促成了《北京市生活垃圾管理条例》的出台。从这个意义上说,环境行动通过推动政策法规的出台改变了原有政策网络的构成。

在番禺垃圾焚烧案例中,居民行动从政策结果、政策过程与网络构成三个层次上推动了政策变迁。首先,面对番禺居民的反建诉求,番禺区委书记明确表示将停建番禺垃圾焚烧项目,在进一步调查论证的基础上重新决定项目选址。政府最终决定将番禺垃圾焚烧厂从大石镇迁至大岗镇,也就是说,居民的反建诉求得到了满足。其次,居民行动还推动了政策过程的变化。一开始,广州市政府采取居高临下的态度。在之前的新闻通报会上,市政府副秘书长态度强硬。后来随着互动的不断深入,政府的态度也发生了变化。散步事件之后,番禺区政府表示将暂缓垃圾焚烧厂的建设工作。番禺区委书记还专门前往丽江花园与居民座谈,重申垃圾焚烧厂项目已正式停建。之后,广州市政府常务会议原则通过了《关于重大民生决策公众征询工作的规定》,明确提出涉及重大民生领域的决策过程必须广泛听取民意。为了解广州市民对垃圾处理问题的看法,广州市政府开展了为期两个月的网络问政,统一收集民众意见作为政府决策的依据。在重启番禺垃圾焚烧厂选址决策时,番禺区政府召开了"番禺垃圾焚烧发电厂规划选址发布会",公布了番禺垃圾焚烧厂的五个备选点,对每个备选点的情况进行了介绍,鼓励市民积极参与选址投票,并最终根据民意投票的结果进行选址决策。这些都符合科林奇所说的政策过程变迁。此外,广州市政府还进一步成立了公咨委,号召社会公众和专家学者共同参与生活垃圾处理问题的讨论、决策与监督。这是广州市第一次就重大公共政策议题在市一级层面成立公众咨询机构,同时也是中国城市垃圾处理领域的一项重大的政策创新。公咨委这个新机构的成立标志着政策网络构成的变迁。

两个案例中围绕垃圾焚烧议题所形成的政策网络都属于议题网络,主要特征是以政策议题为导向、参与主体多元、稳定性和持续性不高、资源配置不均衡、网络关系以协商关系为主。① 在北京阿苏卫垃圾焚烧案例中,参与主体包括北京市市政市容管理委员会、北京市环境保护局、小汤山镇政府、小汤山镇居民、专家、媒体、环保组织以及负责垃圾焚烧厂建设的北京环卫集团和北京京能集团。其中,最核心的参与者是北京市市政市容管理委员会和小汤山镇居民。一方面,由于北京市面临严峻的生活垃圾处理问题,主管城市生活垃圾处理的北京市市政市容管理委员会计划通过建设垃圾焚烧厂提高城市的垃圾处理能力,解决垃圾围城之困。《北京市"十一五"时期固体废弃物处理规划》明确提出,北京市生活垃圾处理系统将由以填埋为主的方式向资源综合利用方式转变,其中包括兴建四座垃圾焚烧厂,提高垃圾焚烧处理的比例,可见兴建垃圾焚烧厂是北京市市政市容管理委员会的一项核心治理目标。另一方面,小汤山镇居民则由于垃圾焚烧厂运营可能对社区环境、健康和房产价值带来的负面影响而竭力反对项目的选址决定。阿苏卫位于北京郊区,原本已经承载了一个北京最大的垃圾填埋场——阿苏卫垃圾填埋场。由于技术与管理的不完善,阿苏卫垃圾填埋场对周边村庄造成了严重的空气与地下水污染,使居民对拟建垃圾焚烧厂的环境影响存疑。此外,小汤山镇建有多个高档别墅区,居民中不乏企业老板、

---

① Rhodes, R. & Marsh, D., "New directions in the study of policy networks", *European Journal of Political Research*, 1992, 21, pp. 181-205.

公司高管、律师等社会精英人士。由于别墅售价高昂，除了环境与健康的担忧之外，居民还担心垃圾焚烧厂的兴建可能造成房产贬值。

在番禺垃圾焚烧案例中，参与主体包括广州市政府、番禺区政府、广州市市容环境卫生局、番禺居民、专家、媒体以及负责垃圾焚烧厂建设的广日集团。其中，最核心的参与者是广州市政府和番禺居民。与北京的情况类似，广州市也面临垃圾围城困境，计划通过建设垃圾焚烧厂提高垃圾处理能力。《关于番禺区生活垃圾焚烧发电厂项目工程建设的通告》特别强调，番禺垃圾焚烧项目是广州市政府的重点项目。广州市政府对推进该项目的决心也由此可见。然而，两个案例不同的是：阿苏卫垃圾焚烧厂的选址位于低人口密度的高档别墅区，而番禺垃圾焚烧厂的选址却位于人口密度相当高的华南板块。自20世纪90年代起，随着城市化的快速发展与广州城市空间的南拓，华南板块被开发成为超大型居住社区。祈福新邨、华南碧桂园、广州雅居乐花园、广州星河湾、锦绣香江花园、南国奥林匹克花园、华南新城、广地花园等大型楼盘一一上市，吸引了大量中产业主购房入住。这就意味着与阿苏卫相比，番禺垃圾焚烧议题网络中参与主体的多元化与异质性程度更高，从而也就拥有更多可供利用的资源。比如，华南板块居住了大量的媒体记者。事件发生后，居住于华南板块的记者发挥自身特长，对事件展开深入调查并将调查结果在媒体上曝光。记者的深入调查与媒体的广泛报道极大地推动了政府态度的变化。

此外,两个案例都引发了关于城市生活垃圾处理的信念体系的变化。根据萨巴蒂尔和魏勃的分类,信念体系包括深层核心信念、政策核心信念与次级信念三个层次。① 与城市生活垃圾处理政策相关的信念体系主要涉及政策核心信念和次级信念两个层次。政策核心信念在案例中体现为对城市生活垃圾应当如何处理的看法。城市生活垃圾处理主要有填埋和焚烧两种方式。目前,我国生活垃圾采取填埋方式处理的比重依然较大。大部分填埋的垃圾没有经过无害化处理,且填埋场普遍存在超量填埋、超过服务年限、渗滤液处理不达标等问题,对周边环境构成污染风险。更棘手的是,对北京、广州这样的超大城市而言,人口密度高,生活垃圾产量大且增速快,而土地资源又非常紧张,像填埋这样需要占用大量土地的垃圾处理方式的可持续性并不高。焚烧作为一种新的垃圾处理技术,如果运用得当,有助于实现生活垃圾处理的无害化、减量化与资源化。然而,垃圾焚烧过程中会产生一种名为二噁英的有毒物质,对环境和健康造成损害。由于我国居民的饮食习惯问题,厨余垃圾比重较大,而厨余垃圾的含水量较高,不容易完全燃烧,从而导致二噁英污染。考虑到作为末端处理的填埋和焚烧

---

① Sabatier, P. , & Weible, C. , "The advocacy coalition framework: Innovation and clarifications", in Sabatier, P. & Weible C. (eds.), *Theories of the policy process*, Westview Press, 2007, pp. 189 - 222.

都存在污染风险,有人提出是否能从源头出发,通过垃圾减量与分类降低生活垃圾的产生量,进而推动一种更为环保、可持续的生活方式。然而,由于垃圾源头减量与垃圾分类方式通常需要较长一段时间才能奏效,单单采用这种方式并不足以解决近在眼前的垃圾围城之困。次级信念在案例中体现为在决定采用焚烧这一垃圾处理方式的前提下,应当如何对垃圾焚烧厂进行选址、建设、运营与监管,才能最大程度地降低污染风险。

北京阿苏卫垃圾焚烧案例中,政策网络信念体系转变的契机是,北京市政府邀请民间反对派领袖黄小山共赴日本考察垃圾处理新技术的一趟破冰之旅。这趟考察给考察团成员带来了非常大的思想改变,如黄小山所说:"当你看到日本国民,每天如何去对待自己的垃圾,我真的我那时,我觉得我是要掉眼泪的。"① 考察回来后,虽然"主烧派"与"反烧派"对是否该焚烧垃圾这个问题仍存争议,但双方达成了一个共识:必须从源头对生活垃圾进行分类和减量。正是这个共识推动了《北京市生活垃圾管理条例》的出台。

在番禺垃圾焚烧案例中,政策网络信念体系的变迁主要并不在于"烧"或"不烧"的层面,而是在于如何完善垃圾焚烧厂选址决策过程的层面。信念体系的转折点在于,番禺居民揭露了广州市政府高级别官员与焚烧厂商之间的利

---

① 《黄小山:曾因垃圾被拘留五天 也因垃圾改变了人生十年》(2018年11月9日),搜狐号"CC讲坛",https://www.sohu.com/a/272846355_99912680,最后浏览日期:2023年2月16日。

益链条。居民调查发现,广日集团独家垄断了整个广州市的生活垃圾终端处理业务,收益颇丰,而这个集团与时任广州市政府副秘书长、广州市市容环境卫生局前局长之间可能存在利益收受的关系。利益链条的曝光直指广州市政府在垃圾焚烧决策中的公正性与公信力,推动了政策网络信念体系向完善决策过程、扩大公众参与的方向转变。信念体系的转向促使广州市政府采用网络问政的方式进行番禺垃圾焚烧厂的选址决策,更在此基础上成立了城市废弃物处理公众咨询监督委员会,鼓励公众持续参与广州市生活垃圾处理的决策与监督过程。

第七章
政府治理能力与吸纳机制

　　居民自发的环境行动借助互联网与社交媒体的传播与动员，往往能在短时间内积聚巨大的能量，迫使地方政府妥协，造成"一闹就停"的困局。2013年彭州、昆明两地连续发生 PX 事件后，《人民日报》发表时评《用什么终结"一闹就停"困局》，认为解决邻避困境的关键在于地方政府加强与公众的沟通与对话。文中阐述道："不管投资多大、工艺多先进，如果牵涉到民众利益的公共性问题，仅以'通告'、'告知'的形式'单向度传输'，怎能在信息时代、权利时代赢得民众支持？公众激烈的表达背后，实际上是未被尊重的权利、未被满足的诉求，是没有被听见、被看见的情绪和声音。"① 2014 年茂名 PX 事件发生后,《人民日报》再次发表评论员文章,进一步从决策模式、程序规范等角度对地方政府治理能力提出了质疑。文中写道:"当公共利益遭遇部分群体的反对,为何一些地方手忙脚乱甚至束手无策? 一个重要原因,就是程序不透明,决策'千里走单骑',导致民众不知情不认可,最终丢掉了自己的解释权和公信力。事后解释,不如事前说明;替民做主,不如与民协商。"② "一闹就停"的困局反映出传统社会治理模式所面临的挑战。与利益导向的群体性事件相比,环境行动的诉求发生了变化。互联网与社交媒体的发展则对政府回应能力与回应方式提出了新的要求。在此背景下,本章从治理能力的角度出发,考察地方政府是如何对环境行动进行回应与吸纳的,以及不同吸纳机制的成效如何。

一、政府基层治理能力的现有研究

群体性事件会扰乱日常的社会秩序、展示公众对政府的不满,从而对政府权威构成挑战。在刚性维稳的逻辑下,执政者以社会安定为管制目标,企图消灭一切不稳定因素。③ 经过压力型体制的层层传递,维稳成为各级地方政府

① 金苍:《用什么终结"一闹就停"困局》,《人民日报》,2013 年 5 月 8 日,第 5 版。
② 范正伟:《靠什么破解"一闹就停"难题》,《人民日报》,2014 年 4 月 15 日,第 5 版。
③ 于建嵘:《从刚性稳定到韧性稳定——关于中国社会秩序的一个分析框架》,《学习与探索》2009 年第 5 期。

的第一要务,不仅与领导干部的绩效考核直接挂钩,而且实行一票否决制,应对不力可能面临上级政府的严厉问责。① 群体性事件的应对是对政府基层治理能力的重大考验,包括谈判能力、利益协调能力、行政吸纳能力以及关系动员能力。

谈判能力是指地方政府能否与利益相关者开展有效沟通、促进共识的达成。群体性事件的参与者往往认为自己受到了不公正的对待,情绪比较激动。冲突治理首先要安抚参与者的情绪,使其愿意开展谈判,并在谈判过程中达成各方都能接受的解决方案。谈判的过程通常包括五个具体步骤:第一步,对社会冲突进行分类,不同类型的冲突对应不同的维稳预案,并尽快对参与者进行情绪控制;第二步,采用分而治之的方式,识别参与者中的领袖精英,对其进行吸纳和转化;第三步,与参与者展开谈判,共同建构参与者对权利的认知和预期;第四步,使用或威胁使用武力,对参与者形成威慑;最后,与参与者达成冲突的解决方案。②

利益协调能力是指地方政府能否提供解决冲突事件所需的经济补偿。利益补偿能力与谈判能力是相辅相成的。

---

① 唐皇凤:《"中国式"维稳:困境与超越》,《武汉大学学报》(哲学社会科学版)2012 年第 5 期;肖唐镖:《当代中国的"维稳政治":沿革与特点——以抗争政治中的政府回应为视角》,《学海》2015 年第 1 期。

② Lee, C. & Zhang, Y., "The power of instability: Unraveling the microfoundations of bargained authoritarianism in China", *American Journal of Sociology*, 2013, 118(6), pp. 1475-1508.

谈判能力有助于控制冲突事件的进展态势,将激烈对峙的情绪转换成利益方面的讨价还价。然而,冲突事件的解决还依赖于政府能够提供相应的补偿费用,以资本化的方式实现维稳目标,因而也被通俗地称为"花钱买平安"。考虑到民众间的效仿效应,政府的维稳支出逐年上涨,对地方财政而言负担沉重。[①]

行政吸纳能力是指地方政府能否引导参与者通过信访、诉讼、仲裁、调解等制度化途径进行诉求表达。将参与者纳入体制化表达渠道能够有效降低大规模群体性事件的社会冲击力和媒体关注度,从而缓和与化解地方政府的维稳压力。一旦进入体制化流程,就意味着参与者要遵循漫长而复杂的程序规章。律师、法官等负责行政司法程序的专业人士同时具有双重身份。一方面,他们作为第三方对冲突事件进行调解和仲裁,客观、中立是建立调解与仲裁权威的关键所在。另一方面,这些专业人士同时又是政府雇员,其收入与晋升都受制于地方政府。因而当冲突一方涉及地方政府时,这些专业人士又成为地方政府的代言人与捍卫者。[②] 在此背景下,司法调解程序很多时候是作为维稳工具而存在的。对地方政府而言,将冲突事件纳入这些程序有助于尽快恢复社会秩序,为解决冲突争取时间,同时防

---

①　白彬、张再生:《环境问题政治成本:分析框架、产生机理与治理策略》,《中国行政管理》2017 年第 3 期。

②　Zheng, R. & Hu, J., "Outsourced lawyers in China: Third party mediator and their selective response in dispute resolution", *China Information*, 2020, 34(3), pp. 1-23.

止冲突事件的升级或扩散。对参与者而言，制度化程度为他们提供了一种保护，同时也为诉求的达成提供了一种可能。但与此同时，参与者对行政司法程序的采纳只是出于工具性的目的，并非意味着对这些程序中立性或权威性的认可。①

关系动员能力是指地方政府能否动员参与者的社会关系网络对其进行施压。冲突事件发生后，地方政府迅速挖掘与参与者相关的社会关系，调动参与者身边的亲人、朋友、同乡等关系网络组成工作小组对其进行各种思想工作，说服其妥协或退让。扮演说服者角色的通常是公务员、党员、退休人员等对地方政府依赖程度较高的人员，如果说服不力可能面临停薪、降职等多种类型的惩罚。② 运用关系网络进行冲突吸纳能否成功既取决于说服者与参与者之间关系的亲密程度以及前者对后者所能施加的影响力，又取决于说服者本身的动力机制及其对惩罚后果的预期。③ 随着市场化进程的推进，个人与组织之间的依附关系日益弱化，市场为个人提供了更多可能的替代方案，这种以关系网络

---

① Lee, C. & Zhang, Y., "The power of instability: Unraveling the microfoundations of bargained authoritarianism in China", *American Journal of Sociology*, 2013, 118(6), pp. 1475–1508.

② Deng, Y. & O'Brien, K., "Relational repression in China: Using social ties to demobilize protesters", *The China Quarterly*, 2013, 215, pp. 533–552.

③ Ibid.

为主的吸纳方式可能逐渐被边缘化或向新的形式转化。①

二、环境行动对基层治理的挑战

现有文献为我们理解政府冲突吸纳能力与策略提供了有益的借鉴。然而,现有研究主要考察劳资纠纷、土地拆迁、业主维权等利益型冲突,对由理念引发的社会冲突关注不足。随着基本物质生活得到满足,人们对生活质量的期望在不断提高。在改革开放初期,人们普遍认为谈环保太奢侈。而到了今天,拥有一个清洁、安全的生活环境已经成为大多数民众的基本诉求。此外,随着代际的更替,后物质主义价值观在年轻一代中得到传播与扩散,影响着人们对环境和社会的态度。根据罗纳德·英格尔哈特(Ronald Inglehart)的观点,后物质主义价值观形成于儿童社会化过程之中。在相对富裕的环境中成长起来的一代人经历了从物质需求到后物质需求的转变。诸如自我表达、生活质量等更高阶的、具有审美意味的需求逐渐在政治文化生活中占据主导地位。② 这些因素促使由环保理念引发的社会冲突不断增长。

---

① 桂勇:《邻里政治:城市基层的权力操作策略与国家-社会的粘连模式》,《社会》2007 年第 6 期;Guo, S. & Sun, X., "Activists' networks and institutional identification in urban neighborhoods", in Yip, N. (eds.), *Neighborhood governance in urban China*, Edward Elgar, 2014。

② Inglehart, R., "Public support for environmental protection: Objective problems and subjective values in 43 Societies", *PS* (*Political Science and Politics*), 1995, 28(1), pp. 57-72.

　　不同类型的社会冲突所适用的吸纳能力与策略存在显著差异。在劳资纠纷、土地拆迁、业主维权等利益型冲突中，参与者的主要诉求是经济赔偿。对这类诉求而言，讨价还价、"花钱买平安"等市场化手段是行之有效的回应策略。然而对涉及环境、权利等议题的理念型冲突而言，参与者的诉求无法完全用经济指标来衡量。在由污染性设施选址引发的冲突事件中，参与主体往往并非生活在项目选址周边、受污染影响最为严重的农村居民，而是离项目选址相对较远、受污染影响尚不确定的城市居民。地方政府可以通过搬迁或经济补偿等方式获得选址周边村民的认可，然而这种方式却无法抑制距离更远的城市居民对环境与健康的诉求。这就意味着对利益型冲突行之有效的"花钱买平安"策略并不能有效吸纳以环境、权利等议题为诉求的理念型冲突。

　　关系网络吸纳也不适用于大规模环境冲突事件。首先，运用关系网络吸纳的前提是能够对参与者进行精准识别。然而在污染性设施选址引发的冲突事件中，集体行动通常是通过社交媒体进行传播与动员，采用的是"要生存、要健康""反对污染"之类比较笼统、抽象的口号。在这种情况下，对参与者的识别就成了一大难题。其次，运用关系网络进行冲突吸纳的重点在于说服者的招募，不仅要求说服者具有较高的影响力，同时也需要地方政府对说服者有充分的控制能力。然而，随着生活水平的提高，环境与健康成了民众普遍认同的理念和价值，具有很高的社会共识。对公务员、党员等体制内人士而言，他们即使不方便公开表态，内心对污染性设施其实也是排斥的。在这样的情况下,地方政府很难找到合适的、忠诚的人选来担任这项艰巨的说服工作。

互联网的发展进一步加大了冲突治理的难度。在互联网时代,除了解决冲突事件之外,平息网络舆论也成了地方政府的重要治理目标。网络舆论参与者包括利益相关者、网民、网络意见领袖、相关领域专家等多元群体。也就是说,政府舆论回应的对象不再局限于直接利益相关者,而是更为广泛的非直接利益相关群体。从数字媒介的传播规律可知,特定议题是否会发展成舆论事件具有很大的不确定性,取决于议题本身的新闻属性、关键传播节点、持续时长、是否产生连续性议题、各舆论力量间的互动等多重因素。① 不同因素的组合具有高度的偶然性,一旦越过门槛进入发展期,网络舆论就会形成几何级数的增长态势,迅速成为受广泛关注的热点事件。此外,新媒体的崛起在某种程度上消解了主流话语的主导地位,进一步推动了网络舆论多元化。在“大众麦克风”的新媒体时代,政府的所作所为很容易被曝光,而不少被曝光的案例反映出政府落后的执政理念或不恰当的处理方式,加剧了公众对政府的不信任。②

---

① 王平、谢耘耕:《突发公共事件网络舆情的形成及演变机制研究》,《现代传播》2013 年第 3 期;林凌:《网络群体事件传播机制及应对策略》,《学海》2010 年第 5 期。

② 马得勇、孙梦欣:《新媒体时代政府公信力的决定因素——透明性、回应性抑或公关技巧?》,《公共管理学报》2014 年第 1 期;李放、韩志明:《政府回应中的紧张性及其解析——以网络公共事件为视角的分析》,《东北师大学报》(哲学社会科学版)2014 年第 1 期。

基层治理能力不足导致近年来由环境问题引发的大规模群体性事件呈快速上升的趋势。在讨论如何有效吸纳之前，有必要先厘清相对于传统的利益型冲突而言，环境冲突具有的一些特征。

第一，环境冲突的标的并非肉眼可见，而是需要运用科学技术进行鉴定的。对已发生的环境污染而言，污染与健康损害之间的因果链条仍然是一个黑箱。尚未发生的环境风险与健康损害之间的不确定性则更高。在污染性设施选址引发的冲突事件中，居民反对的都是未来可能发生的环境风险。这种环境风险看不见、摸不着，只能依靠相关领域的专家设定相应的技术标准。然而，专家与民众在风险评估中的立场与思维模式大相径庭，这种差异构成了环境冲突的争论焦点。①

第二，与利益型冲突不同的是，环境冲突很难界定具体的影响范围和参与主体。污染源距离生活区的安全防护距离应当如何设置本身就充满争议，目前不同国家和地区对安全防护距离有不同的标准和规定。更重要的是，安全防护距离还受到其他因素的影响。一方面，风向、水流、地质等自然属性会显著影响污染风险的影响范围与区域。根据选址程序，大型项目环境影响评价报告应当对这些因素进行系统的测评和分析，但实际上，由于环保、地震等部门在选址决策中处于弱势地位，不少项目即使在环境方面存在

---

① 张劼颖、李雪石:《环境治理中的知识生产与呈现——对垃圾焚烧技术争议的论域分析》,《社会学研究》2019 年第 4 期。

缺陷和隐患,却不足以改变项目的选址决定。另一方面,项目的环保投入、施工运营规范、政府监督力度等管理方面的因素也会对项目的污染风险产生重大影响。在一些案例中,企业承诺的环保投入没有兑现、生产方由于成本原因不按环保规范生产、地方政府对项目监督不力等原因都会导致污染风险的扩大。这些因素导致对环境冲突的影响范围和参与主体进行界定面临诸多困难。

三、地方政府对环境行动的四种吸纳机制

环境冲突与利益型冲突存在的诸多不同之处意味着我们有必要结合环境冲突特征对冲突吸纳机制进行分析。如前所述,环境冲突的标的并非个体经济补偿,而是政府决策结果,比如,污染性项目的停建或搬迁、生态环境的修复等。这使个案层面的、以经济补偿为主的吸纳手段的重要性大大下降。参与者关注的是项目决策过程及其结果。在这种情况下,决策层面的、以公众参与为主的吸纳方式成为政府冲突吸纳的重点。

公众参与作为一个被广泛使用的概念,涵盖多种不同层次与类型的参与形式。谢里·阿恩斯坦(Sherry Arnstein)以公众对决策结果的影响力为标准,构建了公民参与阶梯理论(见图 7.1)。位于阶梯最底层的是无参与,包括操控和治疗两种形式。阿恩斯坦认为,这两种参与形式的主要目的并不是让公众参与规划或决策过程,而是使当权者能对参与

者进行"教育"或"治疗"。位于中间层的是象征性参与,包括告知、咨询和安抚三种形式。告知和咨询能够使公众听到和被听到,但不能保证公众的意见能够带来任何实质性的变化。安抚则允许公众提出建议,因而被认为是比告知和咨询更高层次的一种参与形式,但当权者仍然保留了最终的决策权。位于阶梯最高层的是公民权力,包括伙伴关系、授权和公民控制三种形式。阿恩斯坦认为这三种形式从不同程度上体现出公众对决策结果的影响力。伙伴关系意味着公众能与传统当权者进行平等协商,授权与公民控制则进一步将决策权交到公众手中。①

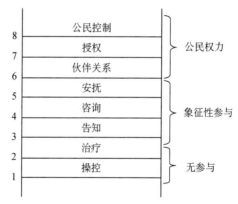

图 7.1 公民参与阶梯

资料来源: Arnstein, S. , "A ladder of citizen participation", *Journal of the American Institute of Planners*, 1969, 35 (4), p. 217。

借鉴阿恩斯坦对公众参与的定义,本章建构出四种地

---

① Arnstein, S. , "A ladder of citizen participation", *Journal of the American Institute of Planners*, 1969, 35(4), pp. 216-224.

方政府对环境冲突的吸纳机制,分别是技术式说服、行政式吸纳、协商式对话以及参与式决策。这四种冲突吸纳机制分别对应阿恩斯坦的公民参与阶梯理论中的三个参与等级。技术式说服主要采用自上而下的灌输与说服,对应的是无参与。行政式吸纳强调参与的形式和程序,对应的是象征性参与。协商式对话和参与式决策标志着政府愿意改变决策机制、吸纳公众诉求,因而对应的是公民权力。

技术式说服是指地方政府从环保投入、防护距离、污染排放、政府监管等技术性角度对民众进行教育和说服,让民众认可并信任专家对项目可行性的判断,从而支持政府的选址决策。

行政式吸纳类似于文献中所提到的行政司法吸纳,即,地方政府引导民众通过行政复议、行政诉讼等制度化途径进行诉求表达,降低大规模冲突事件的社会冲击力,为地方政府化解冲突争取时间。

协商式对话是指地方政府与民众就争议议题展开双向的、平等的沟通,在理性的基础上提出相应的解决方案,对不同方案的利弊展开对话和辩论,并能从一定程度上对决策结果产生影响。

参与式决策是指地方政府主动拓宽制度化参与渠道,通过网络投票、公众咨询委员会等方式将民众纳入选址决策过程,使公众参与对项目决策结果产生实质性影响。

本章主要分析四种冲突吸纳机制在 15 个环境冲突案例中被采用的情况。技术式说服是地方政府最为常用的一种冲突吸纳机制。在污染性项目的公示阶段或者引发争议之后,政府通常会通过宣传手册、广播或电视节目、新闻发布会等形式向公众进行科普宣传，强调拟建项目的安全性与无害性，从而说服公众接受项目的选址安排。在 15 个案例中，只有大连市和什邡市政府没有采取这种方式。因为在这两起案例中，冲突事件发生得非常突然，并不在政府的预料之中。比如，大连 PX 事件是由自然灾害引起的突发事故。2011 年 8 月 8 日，强台风"梅花"席卷大连，导致福佳大化码头防波堤发生坍塌，数十万吨级化工罐体陷入险境，引发市民恐慌。不到一个星期，已有上万名市民约定集体上街，要求福佳大化 PX 项目搬迁。在此情形下，政府来不及准备与实施科普宣传。

除技术式说服之外，其余三种冲突吸纳机制都不属于标配手段，而是需要具体问题具体分析。在 15 个案例中，采用行政式吸纳的案例有 5 个，分别是昆明 PX 事件、启东排污事件、北京六里屯垃圾焚烧事件、北京阿苏卫垃圾焚烧事件和深圳白鸽湖垃圾焚烧事件。在这些案例中，参与者通过行政复议、行政诉讼等制度化渠道进行诉求表达。采用行政法律程序需要了解相关的法律条文并准备大量的文本资料，这不仅意味着时间与精力的投入，还意味着较高的参与门槛。普通公众很多时候并不具备采用行政法律程序所需的知识和能力，而是需要环保组织或专业人士的协助。比如，在昆明 PX 事件中，来自北京的环保组织与环境公益律师深度参与了行政复议与行政诉讼的全过程。再如，在深圳白鸽湖垃圾焚烧事件中，对深圳市人居环境委员会(现生态环境局)的行政诉讼是由垃圾焚烧厂选址附近的八个社区居民委员会共同发起的。

　　协商式对话和参与式决策都属于政府通过决策机制创新回应并吸纳公众的诉求。根据阿恩斯坦的定义,这两种吸纳机制在公众参与程度上存在差异。协商式对话是指容纳公众参与决策过程。参与式决策是指公众不仅参与决策过程,还对决策结果具有实质性的影响。在厦门 PX 事件、北京六里屯垃圾焚烧事件、北京阿苏卫垃圾焚烧事件和广州番禺垃圾焚烧事件 4 个案例中,地方政府采用了协商式对话,其中厦门 PX 事件和广州番禺垃圾焚烧事件中政府还进一步采用了参与式决策。政府是否采用这两种吸纳方式主要取决于地方治理结构与政府回应能力。① 在番禺垃圾焚烧事件中,广州市政府采用以公众参与为特征的回应方式很大程度上得益于当地政治、社会与文化环境。作为中国改革开放的试验田,又临近香港、澳门两个特别行政区,广州拥有相对宽松的制度环境。一系列行政体制改革意味着不同层级政府对当地经济、文化发展与公共服务供给享有较高程度的自主权。② 在此背景下,广州市政府才得以在面对市民反焚诉求时能够及时做出程序上与实质上的政策创新。接下来,本章结合案例对四种环境冲突吸纳机制的

---

①　孙小逸:《理解邻避冲突中政府回应的差异化模式:基于城市治理的视角》,《中国行政管理》2018 年第 8 期。

②　Wong, N. , "Advocacy coalitions and policy change in China: A case study of anti-incinerator protest in Guangzhou", *Voluntas International Journal of Voluntary & Nonprofit Organizations*, 2016, 27(5), pp. 2037-2054.

具体表现及其成效展开详细阐述。

（一）技术式说服

技术式说服是指地方政府在专家意见和实验数据的基础上，从选址依据、环保标准、防护距离等技术性角度，就争议项目对公众进行宣传和教育，以此说服公众接受选址决策结果，通常采用的形式包括发放宣传手册、展开科普宣传、召开新闻发布会、组织民众参观调研等。技术式说服是地方政府比较熟悉的沟通方式。特别是对于 PX 化工厂、垃圾焚烧厂等近年来争议较大的项目，政府在项目上马前或冲突发生后一般都会对公众进行科普宣传。宣传内容包括以下四个方面。第一，这个项目对地方发展影响重大，能为当地创造相当可观的财税收入和就业机会。第二，项目经过完整的审批手续，符合国家相关的法律规范和环保标准。第三，项目包含数额巨大的环保投入，会采用最先进的设施与工艺。第四，政府会对项目实施严格监管，确保项目运营过程中不会造成环境污染。由于环境污染或风险很大程度上依赖于专家的专业评估，因此在条件许可的情况下，地方政府还会邀请相关领域的专家参加科普宣传活动。专家能够熟练地运用实验数据、国内外标准等各项技术指标进行说明，从而提高科普宣传的权威性。

然而，当专家所采用的技术标准与居民实际的生活体验存在较大落差时，技术式说服的可信度就会大大下降。由于石化产业具有集群效应，不少 PX 项目直接选址于大型炼油化工基地，作为现有产业的延伸和拓展。这些炼油化工基地长期面临严重的环境问题,周边居民饱受污染之苦。当专家声称新增的 PX 项目不会产生任何污染的时候,这种说法很容易受到居民的质疑和反驳。比如在茂名 PX 事件中,拟建的 PX 项目选址于茂名石化,这是中国南部最大的炼油化工一体化基地。基地规划之初,为了充分利用空间,居民住宅区混建于工业区当中,许多居民的住所离化工厂不到 500 米,远低于国家规定的标准。化工厂长期排放一氧化碳、氯气、二氧化硫等有毒废气,气味刺鼻,当地居民普遍患有各类呼吸系统疾病。

为推进化工产业的进一步发展,茂名市政府准备上马一个新的 PX 项目。考虑到项目可能遭到当地居民的反对,茂名市政府提前整整一个月就开始开展 PX 项目的密集宣传工作。《茂名日报》首当其冲地发表了包括《茂名石化绿色高端产品进入千家万户》等在内的一系列科普文章。茂名市委还召开专题学习会,邀请中国工程院院士、清华大学化工工程系教授对 PX 项目释疑解惑。专题学习会被全程录像并作为重要资料由茂名电视台和茂名石化电视台每天向公众轮番播放。然而,地方政府的宣传攻势却遭到当地居民的强烈反弹。对茂名 PX 事件期间的 6 113 条微博内容的分析显示,26.0％的微博条文认为 PX 项目信息披露不充分;18.5％的微博条文表示不相信政府对 PX 项目的宣传。①

---

① Sun, X. & Huang, R., "Spatial meaning-making and urban activism: Two tales of anti-PX protests in urban China", *Journal of Urban Affairs*, 2020, 42(2), pp. 257-277.

此外,专家本身的立场也并非完全中立。在现行体制下,专家或者属于体制内人士,或者与相关行业联系紧密,而与政府或行业之间的利益关联则进一步削弱了专家意见的客观性和权威性。比如,在广州番禺垃圾焚烧事件中,得知居民对垃圾焚烧厂选址持反对态度后,政府召开了一个新闻发布会,会上邀请了四位相关领域的专家。与会专家无一例外地对垃圾焚烧发电技术的安全性与可靠性予以肯定。一位清华大学教授表示目前我国大型垃圾焚烧炉的技术水平已经进入国际先进行列,国外技术较好的垃圾焚烧厂直接就建在居民区和生活区内。美国卡万塔中国区副总裁舒成光则声称垃圾焚烧产生的二噁英量很少,危害也很小,并打比方说,"如果比较二噁英产生的量,那么烤肉产生的二噁英比垃圾焚烧高 1 000 倍"①。然而网友经调查发现,这两位专家都与垃圾焚烧发电技术存在利益关联。这位清华大学教授有 25 项专利发明,其中绝大部分都与垃圾焚烧技术相关。舒成光所在的美国卡万塔控股集团则是全球最大的垃圾焚烧发电企业,两年前开始积极进军珠三角地区的垃圾焚烧发电市场。②

对居民而言,污染性设施选址面临的不仅仅是技术问题,同时还有地方政府的监管问题。很多时候,地方政府为

① 林劲松:《政府通报会专家遭网友质疑》,《南方都市报》,2009 年 11 月 3 日。
② 孟登科、赵一海:《垃圾"主烧派":专家还是商人?》,《南方周末》, 2010 年 5 月 17 日。

了项目环境影响评价报告能够顺利通过审批而做出一系列承诺,包括巨额的环保投入、腾挪环境容量、提高污染处理技术标准等。然而一旦项目审批通过,开始投产运营之后,很多承诺都可能由于成本问题或其他困难而无法兑现,从而导致污染程度远远高于预期。比如在深圳白鸽湖垃圾焚烧事件中,拟建项目所在地已有两座正在运营的垃圾焚烧厂,即平湖垃圾焚烧发电厂的两期工程。这两座垃圾焚烧厂筹建于 2000 年前后,当时就遭到居民反对。龙岗区政府、平湖镇政府不断做居民的思想工作,主管副区长还带领居民代表赴澳门进行参观考察,并承诺平湖垃圾焚烧厂会采用比澳门垃圾焚烧厂更加先进的技术。澳门无臭、环保的垃圾焚烧厂打动了前往参观的居民代表,最后居民同意了垃圾焚烧项目的进驻。

然而,政府承诺的愿景并没有实现。动工之后,居民才发现平湖垃圾焚烧发电厂所谓的一期、二期完全是两个不同的企业。一期为中联发电厂,垃圾日处理能力为 675 吨,总投资 3.2 亿元,2003 年投产。二期为大贸发电厂,垃圾日处理能力为 1 000 吨,总投资 3 亿元,2007 年投产。对当地居民来说,他们只同意了第一家垃圾焚烧发电厂的选址规划,第二家垃圾焚烧发电厂并没有征得居民的同意,也没有进行相关的环保测评。① 平湖垃圾焚烧厂一期建成投产后,

---

① 陈晓鹏、王志钰、李晓旭:《深圳垃圾焚烧项目惹抗议经营模式受质疑》(2009 年 12 月 22 日),凤凰网,https://news.ifeng.com/mainland/200912/1222_17_1484131.shtml,最后浏览日期:2023 年 2 月 15 日。

由于规划资金没有到位,投资额从 10 亿元缩水到 3 亿元,由此,运营企业并没有采用其所承诺的比澳门垃圾焚烧厂更加先进的技术。两座平湖垃圾发电厂都是采用委托经营模式,将项目交给企业经营,政府只负责监督管理。在这种模式下,企业为了节约成本,排污设备时停时开,设备老化问题也没有得到及时处理,从而进一步加剧了污染的排放。这些原因导致平湖垃圾焚烧发电厂运营过程中污染相当严重,两个烟囱经常在夜间排放浓烟,刺鼻的臭气、烟尘弥漫着整个社区。据辅城坳社区干部所说,自 2003 年平湖垃圾焚烧发电厂投产之后,社区每年送到征兵办公室的 30 多名候选青年无人体检合格,这些年间共有 33 名居民死于癌症,其中有两名是"80 后"。① 政府在建厂之初承诺,每季度会向社区下发垃圾焚烧发电厂的环保测评结果,但辅城坳社区从未收到过任何环保测评报告。这些经历极大地降低了当地居民对地方政府的信任度,也很大程度上导致了后来白鸽湖选址过程中居民与地方政府之间的激烈冲突。

(二) 行政式吸纳

行政式吸纳是指地方政府采用行政复议、行政诉讼等制度化途径吸纳与化解公众的环保诉求。由于大型污染性设施选址决策需要经过一系列审批程序,决策程序往往是

---

① 陈晓鹏、王志钰、李晓旭:《深圳垃圾焚烧项目惹抗议经营模式受质疑》(2009 年 12 月 22 日),凤凰网,https://news.ifeng.com/mainland/200912/1222_17_1484131.shtml,最后浏览日期:2023 年 2 月 15 日。

公众提出质疑的一个重要出发点,比如,拟建项目是否通过环境影响评价审批、环境影响评价审批是否包含公众参与程序等。对选址决策进行程序审查的基础在于信息公开,如果缺乏项目审批的关键性信息,程序审查便无从谈起。虽然目前我国政府信息公开有了长足的进步,但在涉及一些敏感议题时,地方政府对公不公开信息、公开哪些信息仍然有很大的自由裁量权。比如,在昆明PX事件中,在得知安宁即将上马PX项目之后,当地环保组织"绿色昆明"首先动员居民向云南省环境保护厅(现生态环境厅)申请公开PX项目环境影响评价报告。由于申请信息公开要求实名制,不少居民会有一些担忧,动员工作也比较困难。最后好不容易寄出了十多份申请表,最后都被云南省环境保护厅以各种理由拒绝。"绿色昆明"的工作人员表示:

> 大概寄出十多份吧。我们5月份的时候就不断跟进,问大家反馈是什么。基本上反馈都差不多,要么是说"你没有资格申请",比如说你是单位,可是没有给我法人登记证,就没有资格申请信息公开。或者你说个人的话,就会说"没有这个东西"。反正基本上就没有结果。①

后来环保组织去安宁对炼油项目开展实地考察,并与当地政府和项目园区负责人进行了对话。"绿色流域"认为安宁炼油项目推进过程中信息披露不充分,希望政府能公

---

① 资料来源:笔者于2015年7月对"绿色流域"工作人员的访谈。

开炼油项目的环境影响评价报告,但是,这一请求被当地政府以涉及国家机密为由拒绝。直到接连发生两起逾千人的群体性事件之后,地方政府才不得不改变态度,公示 PX 项目的环境影响评价报告。

一旦进入行政司法程序,参与者必须遵循相应的程序规范,包括准备繁冗的文件资料、经历漫长的等待时间、学习法律专业知识或者争取专业人士的帮助等,这些对普通民众而言都意味着巨大的人力、物力和时间成本。即使愿意投入这些成本,诉讼过程中还可能面临各种意想不到的困难。比如,在昆明 PX 事件中,当地居民在环境公益律师的帮助下向多个政府相关部门提交了行政复议和行政诉讼申请,大多数的申请要么被拒绝立案,要么维持原来的行政决定。即使少数案件能够成功立案,要取得诉讼胜利也非常困难。其中,要求环境保护部(现生态环境部)撤销对炼油项目环境影响评价审批的一起行政诉讼好不容易才得以立案,经历了一系列漫长、繁冗的审理程序,最终还是以原告不具备诉讼资格为由被驳回。事实上,这起行政诉讼提出了诸多项目选址程序规范性与合法性问题,包括审批程序不合规、违规划拨土地、环境影响评价缺乏公众参与环节等。然而,只是因为原告住址离炼油项目施工现场超过了规定的影响范围这样一个看似不那么重要的理由,法院决定驳回原告的诉讼请求,而没有考虑这起案件所涉及的更为重要的决策与审批问题。

行政司法程序很多时候并不是独立的,而是作为基层维稳中的一环,一方面用来缓和与消耗参与者激烈的情绪,另一方面则通过对程序规范性的强调彰显决策结果的合法性。[1] 比如,在北京阿苏卫垃圾焚烧事件中,由于当地居民的反对,地方政府宣布暂停垃圾焚烧厂的建设,然而经过一段时间的探索并没有找到更好的解决办法,最终还是决定重启垃圾焚烧项目。考虑到之前遭遇过反对,为了避免居民可能对决策程序提出质疑,政府在项目重启过程中严格遵守各项程序规范。2014 年 7 月 25 日,阿苏卫循环经济园进行了第一次环评公示。同年 12 月 15 日,项目进行了第二次环评公示。公示期间,北京市市政市容管理委员会(现城市管理委员会)召开新闻发布会,由固体废弃物管理处处长介绍阿苏卫垃圾焚烧项目的各项管理标准。2015 年 2 月 15 日,北京市环境保护局(现生态环境局)将编制完成的项目环境影响评价报告进行公示,为期 10 个工作日。4 月,环保人士陈女士帮助阿苏卫周边小区居民向北京市环境保护局申请召开环境行政许可听证会。北京市政府于 4 月 9 日发出通知,在 20 日内组织听证。听证会于 4 月 23 日举行,19 名发言代表和 15 名旁听观众被准许入内。会议持续了 5 个多小时,争辩激烈。周边小区居民、环保人士及部分专家对焚烧项目持反对意见,代表们质疑二噁英等污染物排放标准过低、后续监管不到位、环境影响评

---

[1] Lee C. & Zhang, Y. , "The power of instability: Unraveling the microfoundations of bargained authoritarianism in China ", *American Journal of Sociology*, 2013, 118(6), pp. 1475-1508.

价报告的公众参与部分有造假嫌疑等。政府官员、环评单位和部分专家则表示支持项目的建设，并承诺会符合污染排放的标准。听证会并未就垃圾焚烧项目选址达成共识。然而听证会结束后仅五天，北京市环境保护局就对项目环境影响评价进行了批复。阿苏卫居民对批复决定不服，继续采取行政复议、行政诉讼等途径试图阻止垃圾焚烧厂的建设，均无果。最终阿苏卫循环经济园在原址建成投产。

（三）协商式对话

协商式对话是指地方政府与公众就争议议题及其解决方案展开理性、平等的沟通。协商式对话反映出地方政府在吸纳环境冲突过程中从单向灌输向双向沟通的一种转变。政府改变了原本傲慢的、高高在上的形象，以平等的姿态与公众进行对话，听取公众的诉求和声音。这种转变背后的逻辑是，政府不再将技术性考量视为污染性设施选址决策过程中最重要的因素。一方面，在涉及公众切身利益的重大项目决策过程中，公众对项目的接受度与技术标准是同样重要甚至更为重要的考虑因素。忽视公众的接受度可能会极大地影响项目的建设进程。另一方面，随着教育水平的提高和互联网的快速发展，公众获取信息的能力也在不断提高，甚至有一些公众在很多时候还能给出具有专业水准的、建设性的解决方案，对政府决策的借鉴意义不容小觑。

比如，在北京阿苏卫垃圾焚烧案例中，"9·4"事件促使政府和社区居民转变态度,开启了双向沟通模式。一方面,北京市政府在小汤山镇开展了为期近一个月的接访活动,提供与垃圾焚烧厂选址的相关信息,并耐心回答居民的疑问。另一方面,具有相关专业知识的居民自发研究了垃圾焚烧的技术发展、治理现状与存在的问题,并在此基础上与政府展开理性对话,试图为北京市垃圾焚烧政策提供参考与借鉴。其中,政府与民众从冲突走向协商的转折点是,北京市政府邀请居民代表黄小山共同参加前往日本的垃圾焚烧考察团。在赴日本考察期间,黄小山每天都向《北京晚报》《新京报》《京华时报》等媒体介绍在日本考察过程中的所见所闻,分享自己对垃圾处理难题的心得感悟,这些信息俨然成为政府与民众间沟通的重要桥梁。这次考察团也被视为阿苏卫事件中政府与社区居民的破冰之旅。考察回来后,虽然黄小山仍然对垃圾焚烧持反对态度,但对政府主动沟通、尊重民意的做法表示了赞扬:"此次考察能看出政府有尊重民意的诚意,虽然目前还难以通过个案推动政府在制定公共政策时在公平透明和公共参与上有实质进步,但我们毕竟充满期待。"①

　　这一系列互动使政府与居民从"建与不建"的激烈对峙转变为对北京市生活垃圾处理问题的共同探讨。垃圾焚烧也由此成了一个热门的公共议题。讨论过程中逐渐形成了"主烧"

① 《博弈阿苏卫》(2010 年 4 月 8 日),网易网,https://www.163.com/money/article/63OP21LB00253G87.html,最后浏览日期:2019 年 10 月 9 日。

和"反烧"两个不同的阵营，"主烧"派主要包括专家、政府和厂商，"反烧"派则主要由专家和居民构成。两个阵营对生活垃圾到底该不该烧提出了各自的观点。"主烧"派认为，与传统的垃圾填埋相比，垃圾焚烧有助于推动生活垃圾减量化、资源化和无害化处理，是一种更加先进的垃圾处理技术。对人口和建筑高度密集的城市而言，垃圾填埋需要占用大量的土地，占地面积小的垃圾焚烧不失为一个更可行的选择。对垃圾焚烧过程可能会产生有毒物质二噁英这一说法，"主烧"派认为目前垃圾焚烧技术已经相当成熟，在其他国家也已得到了广泛的应用，在确保技术设备先进、工艺流程规范、垃圾焚烧充分的前提下，二噁英是能够被有效分解的，并不会对环境造成污染。中国公众对垃圾焚烧的恐惧主要是出于心理因素，是二噁英被部分专家、媒体妖魔化的结果。

"反烧"派则认为，垃圾焚烧仍然面临污染的风险。虽说焚烧温度足够高并能有效分解二噁英，但事实上很多时候根本达不到这个规定的焚烧温度。这部分是由中国生活垃圾构成的独特性所导致的。中国居民的饮食习惯使生活垃圾中厨余垃圾的比重较大，含水量高于其他国家，将这些垃圾充分燃烧需要更高的温度和更长的时间，从而对垃圾焚烧的技术和流程提出了更高的要求。更重要的是，垃圾焚烧厂的运营得不到有效监管会极大地增加污染的风险。在项目建设之初，为了得到公众的支持，企业往往承诺会使用最先进的技术，并进行大量的环保投入。然而在项目建成投产之后，由于资金上的短缺或盈利方面的考量，企业可能并不会真正采用之前所承诺的先进设备或技术,甚至为了压缩成本而简化工艺流程、停开环保设施、减少设备维护和保养的频率等。不少垃圾焚烧项目采用的是委托经营模式,即由企业负责运营,政府则负责监督。受到人力、物力的限制或者与企业之间存在的千丝万缕的联系,政府很多时候并不能对企业实施有效监管,从而进一步加剧污染的风险。

对垃圾焚烧议题的讨论虽然不一定能解决具体的项目选址问题,但是有助于引发居民对城市生活垃圾处理问题的关注,培育居民的环保意识和环境参与行为。在城市生活垃圾处理问题的讨论中,虽然各方对于烧还是不烧存在争论,但都形成了一个共识:应当推动生活垃圾减量与分类工作,从源头上缓解垃圾围城之困。这种共识一方面推动了公共政策的变化。《北京市生活垃圾管理条例》于 2011 年 11 月获北京市人大批复,于 2012 年 3 月正式实施。《北京市生活垃圾管理条例》的出台为城市生活垃圾处理提供了重要的指导方针与法律依据。另一方面,生活垃圾减量与分类的共识也促进了公众对环保理念与生活方式的采纳。黄小山原本是抵制阿苏卫垃圾焚烧厂选址的反对派居民之一。然而,在与政府互动的过程中,黄小山意识到城市生活垃圾处理面临的严峻挑战,并致力于研究出符合中国国情的垃圾处理方案,协助政府共同解决这一难题。黄小山在总结国外生活垃圾处理经验的基础上,制定了《绿房子垃圾分类及预处理整体方案》,还自掏腰包在自己居住的小区建造并运营了用于垃圾分类的绿房子。虽然由于各种客观困难，绿房子最终难以为继，但这并没有改变黄小山对环保生活的热情。他不仅自己开始采用一种环保的生活方式，还用"驴屎蛋儿"网名开微博，与粉丝、环保组织互动，宣传并分享生活垃圾处理的经验与感想，成了一名著名的民间环保人士。

（四）参与式决策

参与式决策是指地方政府通过治理机制创新将民众纳入政府决策过程，使公众参与对项目决策结果得以施加实质性影响。大型污染性设施选址属于城市规划项目，而我国的城市规划体系一直沿用苏联模式，即，规划工作由城市规划行政主管部门主要负责，以技术性要素为主要考量，几乎没有公众参与部分。随着市场经济体制的建立和政治民主化的发展，政府开始给予公众参与城市规划的权利，开辟了诸如环境影响评价公示、居民调查问卷、座谈会、听证会等公众参与渠道。然而这些公众参与仍以象征性为主，很少能够真正影响决策的结果。由于制度化参与渠道的缺失，不少公众参与的案例都是由环境行动推动而成的，即，由学者或公民发起政策议题，获得体制内精英的支持或者引发大规模的群体性事件，各种媒体或网络对此进行广泛报道，将政策争议升级为舆论事件，从而引起地方政府的重视。① 在本书

---

① Huang，R. & Sun，X.，"Dual mediation and success of environmental protests in China：A qualitative comparative analysis of 10 cases"，*Social Movement Studies*，2020，19（4），pp. 408-425.

涵括的 15 个案例中,厦门 PX 事件和广州番禺垃圾焚烧事件属于环境行动领域公众参与的两个典型案例。

在厦门 PX 事件中,鉴于民意的压力,厦门市政府于 2007 年 5 月 30 日召开新闻发布会,宣布缓建海沧 PX 项目,并启动公众参与程序,公开短信、电话、传真、电子邮件、来信等渠道,充分倾听市民意见。与此同时,政府主动对已经通过审批的 PX 项目上升环境影响评价等级,将其纳入厦门市城市总体规划环境影响评价,并委托中国环境科学院承担这个课题,包括两院院士在内的 21 名专家出任课题顾问。12 月 5 日,厦门市城市总体规划环境影响评价报告简本向全社会公布,并以多种形式征求公众意见。其中一个重要的公众意见征询形式是连续两天的开放式座谈会。厦门市政府邀请 200 名市民代表、市区两级人大代表和政协委员参加,其中 100 名市民代表由市民自愿报名,通过公开、随机抽号产生。12 月 10 日,厦门市政府在《厦门日报》上公布了全部 624 名自愿报名参加座谈会的市民名单。第二天,厦门电视台邀请了 12 位小学生进行现场抽号,并对抽号过程进行全程直播。12 月 13 日、14 日,市民座谈会如约召开,包括《人民日报》《光明日报》等中央媒体以及厦门本地媒体都获准入内旁听。参与的普通市民共有 107 人,其中 106 人都在会上发言了,会场气氛热烈而不失理性。[1] 此外,中国环境科学院还收到电子邮件 3 720 余件、

---

[1]　朱红军:《"我誓死捍卫你说话的权利"——厦门 PX 项目区域环评公众座谈会全记录》,《南方周末》,2007 年 12 月 20 日。

电话记录 2 380 条、市民来函 47 件,结果显示,八成居民仍然对海沧 PX 项目投反对票。① 厦门市政府最终决定尊重市民意愿,将 PX 项目迁建至漳州。

在番禺垃圾焚烧事件中, 2009 年 12 月 10 日,广州市政府在媒体与民意的双重压力下宣布暂缓垃圾焚烧项目的建设,并表示将由政府部门、专家、市民代表共同参与垃圾焚烧项目的选址决策。对此,广州市政府采取了两项重要举措。第一,启动以"广州垃圾处理政府问计于民"为主题的公众建议征询活动,在四家网络媒体上开设专题讨论区,广泛听取市民意见。建议征询活动持续了整整两个月。统计结果显示,市民赞成垃圾焚烧多于填埋。② 第二,公开提出兴建番禺垃圾焚烧厂的五个备选点,对每个备选点的情况进行详细说明,并鼓励市民参与备选点的投票。"五选一"意见收集后,政府最终尊重民意的选择,将番禺垃圾焚烧厂选址从原来的大石镇迁往大岗镇。

这两个案例可以说是污染性设施选址领域政府主动吸纳民意、引导公众参与决策的典范。两地政府不仅就引发争议的议题与民众展开理性对话,同时还创造性地采用市民座谈会、网络投票等方式收集民意,作为项目决策的

---

① 《中国环境科学院回复厦门 PX 项目公众意见》(2007 年 12 月 19 日),中国新闻网,https://www.chinanews.com.cn/gn/news/2007/12-19/1108945.shtml,最后浏览日期:2019 年 11 月 16 日。

② 《垃圾焚烧再选址　民意互动务求扎实》(2011 年 4 月 14 日),搜狐网,https://news.qq.com/a/20110413/000958.htm?pc,最后浏览日期:2019 年 11 月 16 日。

主要依据。虽然这些举措的初衷是为了平息民意的压力，但是具有进一步制度化、常规化的巨大潜力。比如，广州市政府在番禺风波结束之后，还成立了以公众代表和技术专家为主体的废弃物处理公众咨询监督委员会，直接参与相关议题的民主决策。这些治理创新为涉及民众切身利益、容易引发争议的复杂政策问题的解决提供了新的思路。

四、对四种吸纳机制的比较分析

本章结合我国环境行动的特征，提出四种地方政府对环境冲突的吸纳机制，分别是技术式说服、行政式吸纳、协商式对话以及参与性决策。通过对本书案例数据库中15个环境行动案例的分析发现，四种政府吸纳机制的表现形式及吸纳效果各不相同（见表7.1）。

表 7.1　四种政府吸纳机制的表现形式及其效果

吸纳机制	表现形式	吸纳效果
技术式说服	科普宣传、新闻发布会、参观调研	单向灌输、引发反弹
行政式吸纳	听证会、行政复议、行政诉讼	缓和矛盾、争取时间
协商式对话	沟通对话、公开辩论、网络问政	增进理解、促成共识
参与式决策	网络投票、市民座谈会、公众咨询委员会	制度吸纳、长效治理

技术式说服是地方政府最为常用的冲突吸纳机制。在

15 个案例中，13 个地方政府都采用了这种方式。技术式说服的特征是政府采用单向的、灌输式的沟通方式，借用专业标准和专家意见对民众进行说服，要求民众接受政府的选址结果。然而这种方式由于政府姿态比较强硬，不考虑民众的感受和需求，因而吸纳效果容易反弹。

行政式吸纳为参与者提供了诉求表达的制度化渠道，对参与者而言风险程度较低。在其他诉求表达方式都遭遇阻滞的情况下，参与者愿意将行政司法途径看作最后的尝试。一旦进入行政司法程序，参与者就需要遵循相应的程序规范及各种时间节点，由此必须培养出极大的耐性。从这个意义上说，鼓励参与者采用行政司法程序确实有助于使激烈的矛盾趋于缓和，为政府争取更多的时间寻找解决方案。然而，对地方政府的高度依赖意味着行政司法体系很难独立、客观地作出裁决，而更多是作为地方政府基层维稳体系中的一个环节。① 这也就意味着参与者通过这种途径主张诉求的成功率并不高。

北京六里屯垃圾焚烧事件是为数不多的运用行政复议方式达成行动目标的案例之一。六里屯居民向北京市政府提交的行政复议申请虽然被驳回，但向国家环境保护总局（现生态环境部）提交的行政复议申请得到了有利的回复。国家环境保护总局公开表示，六里屯垃圾焚烧项目在进一步论证前应

① Lee, C. & Zhang, Y., "The power of instability: Unraveling the microfoundations of bargained authoritarianism in China", *American Journal of Sociology*, 2013, 118(6), pp. 1475-1508.

予缓建,并全面公开论证过程,扩大公众意见的征求范围。国家环境保护总局副局长潘岳还将这个行政复议决定向媒体进行了通报,这个公开表态直接推动了后来六里屯垃圾焚烧厂的弃建。在这个案例中,居民的行政复议之所以能够成功很大程度上得益于这起事件发生在一个巧妙的时间窗口。2006 年 2 月,国家环境保护总局发布《环境公众参与暂行办法》,要求大型建设项目环境影响评价的各个阶段都要公开有关信息,听取公众意见。而在 2006 年年底,北京市就发生了居民反对六里屯垃圾焚烧厂选址的集体行动。从这个意义上说,六里屯反焚事件是对当时刚刚发布的《环境公众参与暂行办法》的第一次考验。如果在六里屯垃圾焚烧事件中不能得以贯彻,国家环境保护总局颁布的《环境公众参与暂行办法》的权威性可能会受到影响。在这样的情况下,国家环境保护总局不遗余力地支持了六里屯居民的诉求。

协商式对话和参与式决策这两种吸纳机制在不同程度上反映了冲突吸纳中地方政府角色和态度的一种转变。与傲慢的、高高在上的教育说服不同,协商式对话中地方政府与居民作为平等的双方就争议议题进行理性沟通。沟通过程中,双方从公共利益的角度出发提出议题的解决方案,并对其利弊进行讨论分析。这个过程即使不能对决策结果产生直接影响,也能有效增进各方之间的相互理解与学习,从而有助于共识的形成。① 参与式决策则在协商式对话的基

① 黄岩、杨方:《审议民主的地方性实践——广州垃圾焚烧议题的政策倡议》,《公共管理学报》2013 年第 1 期。

础上更进一步,地方政府不只是吸纳公众的意见,而是将公众作为一个重要的参与者纳入决策过程,通过相应的制度设计,使公众参与能够对决策结果产生实质性的影响。这一做法非常接近阿恩斯坦对公众参与的定义。① 然而,目前我国公众参与决策的案例相对较少,而且大部分是由冲突事件或网络舆论倒逼下地方政府的被动应对,以平息冲突事件为主要目的,尚未形成长效的、制度化的冲突吸纳机制。② 因而,在借鉴厦门 PX 事件、广州番禺垃圾焚烧事件这些典型案例经验的基础上,建立并推广具有中国特色的公众参与决策机制,是我国公共政策和社会治理领域的一项重要课题。

---

① Arnstein, S., "A ladder of citizen participation", *Journal of the American Institute of Planners*, 1969, 35(4), pp. 216-224.

② 龚志文:《运动式政策参与:公民与政府的理性互动——基于广州番禺反焚运动的分析》,《吉首大学学报》(社会科学版)2015 年第 1 期。

第八章
环境行动的治理路径探究

　　本章对全书的主要发现进行简要总结,并从两个方面延伸讨论环境冲突与治理这个议题。首先,辨析中国环境行动的邻避属性,尝试厘清中国式邻避冲突的特征,为污染性设施选址决策与邻避冲突治理提供经验依据。其次,结合风险治理、民主协商等理论视角,探讨中国环境/邻避冲突的长效治理路径。

一、研究发现总结

　　本书旨在考察中国环境行动的主要特征以及地方政府对环境行动的回应模式与影响因素。总体而言,公众对环境问题的关注度在不断提升。四十多年的改革开放基本解决了人们的温饱问题,公众对生活质量的要求也随之提高。环境状况的恶化对居民生活与健康的负面影响逐渐凸显。PM2.5指数频频爆表使人们养成了戴口罩的习惯。自来水不合格率上升使人们开始囤积矿泉水。安全、清洁、无污染的生活环境成为公众的殷切期待。与此同时,互联网与社交媒体的发展显著提升了公众的信息获取能力,使人们更有可能接触到与环境相关的知识和信息,并进而培育出对环境问题的关心。从前亲环境价值观主要存在于受教育程度较高的精英群体当中。互联网的发展拓宽了亲环境价值观采纳的方式和渠道,人们可以通过网络阅读、科普视频、网络讨论等途径获取环境保护方面的知识和信息,从而推动环保理念的扩散。

公众对美好生活环境的期待与地方发展模式之间的矛盾日益显著。在"唯GDP论"的发展逻辑下,地方官员往往将经济发展作为第一要务,热衷于通过招商引资促进地方的工业发展,增加地方的财税收入。在面临多重治理目标的情况下,地方官员往往以GDP增长作为优先考量,因为这个指标不仅容易量化,而且对其政绩与晋升而言意义重大。环境保护也属于地方政府的治理目标之一,然而很少有地方官员真正重视环境保护目标的实施。一方面,这是因为污染具有显著的外部性特征,空气污染、水污染的影响会跨越现行的行政区划,使地方环境治理的成效评估面临较大困难。另一方面,从议题性质上说,环境保护涉及污染治理、生态修复、风险预防等多个环节,属于一个系统性工程,往往需要较长的一段时间才能有所成效。而中国地方官员实行的是任期制,且任期时间相对较短。有研究显示,省委书记和省长的平均任职年限分别为 3.88 年和 3.82 年。① 由此,地方官员倾向于开展在任期内能体现政绩的工作,而对环境保护这类耗时长、见效慢的工作普遍缺乏动力。更重要的是,环境保护与经济发展之间还存在张力。保护环境意味着要求污染企业提高环保标准,加大环保投入,甚至关停整顿。污染企业不堪重负可能选择搬迁,这反过来又会影响当地就业和财税收入。在此背景下,地方政府往往为了经济发展而降低环保门槛。

城市污染性设施(如垃圾焚烧厂、化工厂、核燃料厂等)的选址集中体现了地方工业发展与公众环保诉求之间的矛盾。由于选址在自家后院,公众感到污染性设施的建设与运营与自身利益密切相关(包括生活环境、健康状况、房产价值等),要求知晓并参与设施的选址过程。这就使污染性设施的选址决策比其他一般的公共决策需要更多政府与公众互动的过程。在这个互动过程中,政府与公众的立场在多个方面都存在分歧。

首先是对环境风险的认知。政府根据技术标准对污染性设施进行风险评估,并以此认为风险在可接受水平之内。公众则基于自身的生活体验与风险想象,认为污染性设施

---

① 梁平汉、高楠:《人事变更、法制环境和地方环境污染》,《管理世界》2014 年第 6 期。

会对环境和健康带来严重的影响。

其次是关于设施选址的合理性。政府通常以污染性设施对地方经济发展或公共事业的重要性为由,来说服公众接受项目选址结果。如果公众不接受,则被认为是不顾全大局、自私自利的行为。公众则倾向于认为政府一味追求地方发展而忽视了环境保护与居民健康,从而导致污染性设施选址的风险与收益分配缺乏公正性。

最后是关于选址决策过程的规范性。政府通常强调项目选址决策经过严格的科学技术论证且符合相关的程序规范。对此,公众往往提出项目在规划、选址、环境影响评价等环节中的种种纰漏,以此说明选址决策过程并不完全合规。其中,最经常被提及的是环境影响评价中的公众参与部分。根据《环境影响评价公众参与办法》,受直接影响的公众对污染性设施选址决策有知情权、参与权、表达权和监督权。然而,由于现行法律缺乏可操作化的规定,地方政府在参不参与、谁来参与、如何参与等方面拥有较大的自由裁量权。为了使项目顺利进行,地方政府往往选择约束力较弱的公众参与形式,由此导致公众的不满。①

在此背景下,由环境议题引发的集体行动日益增多。中国环境行动动员过程大致如下:污染性设施选址计划引发周边社区居民的焦虑;居民通过线下(如邻里交谈、发放传单等)或线上(如小区论坛、新浪微博等)方式表达对项目

---

① 张紧跟:《地方政府邻避冲突协商治理创新扩散研究》,《北京行政学院学报》2019 年第 5 期。

选址的不满;在一些情况下,政府会通过新闻发布会等形式向居民解释项目的选址意图,然而单向沟通的方式往往不足以缓和事态的发展;居民的不满逐渐累积并通过社交媒体传播与放大,最终酝酿成大规模集体行动。从这个过程中可以看到,中国环境行动动员总体呈现弱组织化的特征。几乎所有环境行动都是居民自发性的行为,缺乏组织化力量的参与。这是由于中国环保组织倾向于采用制度化、非对抗性的行动策略,主动规避具有敏感性的活动,以免影响组织的长期发展。随着信息通信技术的发展,居民主要借助社交媒体进行信息传播、观点表达、情绪动员以及集体行动协调。① 换言之,互联网与社交媒体在居民自发性的行动动员中发挥关键性作用。

近年来,环保组织、环境专家、公益律师、媒体记者等行动者开始参与到居民环境行动中,逐渐形成多元环境力量联结的趋势。环境精英与社区居民在行动动员中起到相互补充、相互促进的作用。一方面,居民集体行动会触发地方政府的维稳压力,迫使地方政府转变态度,与居民展开双向沟通。然而如前所述,政府与居民的沟通过程存在各种障碍,这就使环保组织得以作为第三方参与到争议事件当中。也就是说,居民集体行动为环保组织的参与提供了有利的

---

① Huang, R. & Sun, X., "Dynamic preference revelation and expression of personal frames: How Weibo is used in an antinuclear protest in China", *Chinese Journal of Communication*, 2016, 9(4), pp. 385–402.

政治机会。另一方面，环境精英的参与不仅能为社区居民提供环境、法律等方面的专业援助，同时还能将争议事件介绍给媒体，通过媒体报道提升环境行动的社会影响力。① 此外，全国性环保组织的参与有助于环境行动从一定程度上摆脱地方的限制，引发社会公众与中央政府对事件的关注，进而迫使地方政府改变决策。

地方政府对环境行动可以采取不同的回应策略。虽然压制策略是地方政府的备选方案之一，但事实上地方政府极少会真正使用之，大部分污染性选址引发的群体性事件都以"一闹就停"收尾。在本书的 15 个案例中，有 9 个地方政府选择了妥协，2 个地方政府成功预防了群体性事件，2 个地方政府选择了容忍，只有 2 个地方政府采取了压制策略。地方政府选择回应策略时主要考虑三方面的因素。第一，中央政府的态度与介入事件的可能性。对中央政府而言，政权合法性和社会稳定是最重要的考量，也是用来评价地方官员政绩的核心指标。如果地方政府不能及时、有效地对冲突事件进行控制，冲突事件可能会通过社交媒体迅速蔓延，形成全国范围的舆论危机，并进而引发中央政府对地方官员的问责。因此，防止冲突事件的影响扩散、避免中央政府的问责是地方政府应对集体行动时的一个重要原

---

① Bondes, M. & Johnson, T., "Beyond localized environmental contention: Horizontal and vertical diffusion in a Chinese anti-incinerator campaign", *Journal of Contemporary China*, 2017, 26, pp. 504-520.

则。第二,对自身成本与收益的分析。对地方政府而言,回应冲突事件所需的成本是一项重要考量。由污染性设施选址引发的冲突事件的解决通常意味着需要给予利益受损者经济补偿(如整体搬迁、完善选址周边的基础设施建设等),或者由于取消原定的建设项目而对企业进行赔款,而这些成本都由地方财政来承担。对 15 个案例的分析表明,项目进展程度是影响地方政府回应的一个重要因素,绝大多数政府选择妥协的案例都处于项目建设的早期阶段。此外,冲突事件的规模大小、是否采用破坏性策略等也会影响地方政府对成本与收益的分析。第三,媒体与网络舆论的影响。随着信息通信技术的发展,媒体与网络舆论不仅能为参与者提供更大范围的社会支持,而且还有助于迅速扩大冲突事件的社会影响力,从而对地方政府形成压力。

除了冲突事件的平息之外,地方政府还需要对污染性设施的选址决策进行回应。从政策网络理论的视角出发,政府回应包括决策结果、决策过程与治理网络构成三个层面。对案例的分析显示,这三个层面的回应之间似乎并不必然存在某种线性递进的关系。

在宁波 PX 事件和茂名 PX 事件中,地方政府顺应公众诉求取消了 PX 化工厂的建设计划,但政府回应止步于决策结果层面,并未涉及决策过程与治理网络的构成。

在北京阿苏卫垃圾焚烧事件中,居民行动未能改变垃圾焚烧厂的选址决定,阿苏卫垃圾焚烧厂最终在原址建成投产。但在互动过程中政府改变了与居民的沟通方式,不仅在小汤山镇专门设立一个接访办公室,由北京市市政市容管理委员会固体废弃物管理处副处长坐镇,还主动邀请居民代表与政府共赴日本考察垃圾处理新技术。更重要的是,居民行动推动了北京市政府在城市生活垃圾处理方面的公共政策转向,最终促成了《北京市生活垃圾管理条例》的出台。也就是说,政府并没有因为居民反对而改变政策结果,但居民行动确实推动了决策过程和治理网络构成层面的变化。

在厦门 PX 事件中,环境行动促使地方政府开启公众参与渠道,采用网络平台投票、市民座谈会等方式征询市民意见,并最终根据大多数市民的意见将 PX 化工厂从厦门迁到漳州。在这个案例中,政府回应包含决策结果和决策过程两个层面,但并没有改变治理网络的构成。

番禺垃圾焚烧事件是所有案例中唯一一个涉及三个层面的政府回应的案例。面对居民的反焚行动,广州市政府不仅开启了为期两个月的网络问政,统一收集市民对城市生活垃圾处理问题的看法,还在网上公布了番禺垃圾焚烧厂的五个备选点,鼓励市民积极参与选址投票,并最终根据民意投票的结果进行选址决策。此外,广州市政府还进一步成立了城市废弃物处理公众咨询监督委员会,通过制度创新让社会公众和专家学者共同参与广州市生活垃圾处理问题的讨论、决策与监督过程,从而推动了治理网络构成的变迁。

就回应策略而言,传统冲突吸纳机制已不足以应对由环境议题引发的集体行动。改革开放初期,社会冲突主要是由利益分配不均引发的,因此,政府对冲突的吸纳也以利益补偿或再分配为主要手段。随着经济与社会的转型,由环境风险、生活质量、权利意识等为主要诉求的非利益型社会冲突开始涌现,对政府的冲突吸纳能力提出了新的挑战。在此背景下,笔者结合中国环境行动的主要特征对地方政府采用的冲突吸纳机制进行了归纳,提出了四种环境冲突的吸纳机制,分别是技术式说服、行政式吸纳、协商式对话和参与式决策。在这四种冲突吸纳机制中,技术式说服的使用频率最高。对 15 个案例的分析发现,13 个案例中的地方政府都采用了技术式说服,这种方式几乎可以说是应对环境冲突的标配手段,但这种方式容易由于政府态度比较强硬而遭到反弹。行政式吸纳为参与者提供了行政复议、行政诉讼等制度化的诉求表达渠道。在其他参与渠道受阻的情况下,参与者通常将行政司法途径看作最后的尝试。然而,行政司法途径不仅要参与者忍受繁琐的文书工作与漫长的等待过程,而且司法机关容易受地方政府的影响而做出对参与者不利的判决,其吸纳效果比较有限。协商式对话和参与式决策这两种吸纳机制从不同程度反映了冲突吸纳中地方政府态度的一种转变。与自上而下的教育说服不同,协商与参与机制意味着政府将公众视为平等的治理主体,与公众就污染性设施选址的议题展开理性讨论与沟通,并将民意作为政府选址决策的重要考量因素。

　　在对全书内容进行简要总结的基础上,笔者将对两个问题展开进一步探讨。第一,辨析邻避效应(又称"不要在我家后院")概念,探讨中国环境行动在多大程度上能被归结为邻避效应。邻避概念的辨析对公共政策导向具有深远的影响。第二,探讨中国环境/邻避冲突的治理路径,着重从风险治理框架建立和协商治理机制创新两个方面展开论述。

二、邻避效应辨析

由环境问题引发的居民行动多大程度上应当被归结为邻避效应是学界争论的一个焦点。对城市规划者来说,社区居民反对污染性设施选址的动机及其属性的判断是政府采用哪种回应模式的重要依据。学界对邻避效应有非理性且情绪化、理性且自私和精明三种不同理解。如果认为居民是非理性且情绪化的,那政策执行者可以名正言顺地忽视民众的声音。如果认为居民理性且自私,那么政策制定者应当调整风险与收益的分配,通过降低风险或提高收益促使项目落地。如果认为居民是精明的,那么政策执行者应当鼓励居民参与政策制定过程,从而实现技术理性和社会理性的平衡。① 从邻避概念出发,社区居民的抵制行动是出于私利还是公益目的,以及地域观念在居民抵制行动中

① Freudenburg, W. & Pastor, S., "NIMBYs and LULUs: Stalking the syndromes", *Journal of Social Issues*, 1992, 48(4), pp. 39-61.

扮演的角色,是用来判定邻避属性的两个重要标准。

　　首先,社区居民反对项目建设是出于社区利益的考量还是出于社会公益的目的,是邻避效应判断的一个关键要素。从定义可知,邻避设施应当对社会具有公益性价值,社区居民反对则是出于自私、狭隘的地域观念,这也是邻避效应又被形象地称为"不要在我家后院"的原因。基于此,设施是否具有公益性是判断邻避属性的重要起点。书中15个案例虽然都是由环境问题引发的,但具体争论的议题仍然存在差异。其中,4个案例是由兴建垃圾焚烧厂引发的争议(北京六里屯、北京阿苏卫、广州番禺和深圳白鸽湖)。随着城市化的发展、生活水平的提高与生活方式的变化,城市居民生活垃圾产生量快速增加,使很多城市开始面临垃圾围城的困境。由于传统的垃圾填埋方式存在多方面的局限(如占地面积大、有渗漏风险、难以资源化利用等),政府计划通过兴建垃圾焚烧厂解决城市生活垃圾处理难题。居民也意识到生活垃圾是一个不得不处理的公共问题,他们反对项目选址的主要原因是担心垃圾焚烧厂运营可能对社区产生污染危害。① 也就是说,从议题性质上讲,垃圾焚烧厂建设具有公益属性,而社区居民的反对可以被看作邻避效应的表现。在其他11个案例中,争议议题是围绕PX化工厂、造纸厂、钼铜厂、核燃料厂等污染性工业设施的兴建。

---

① Johnson, T., "Environmentalism and NIMBYism in China: Promoting a rules-based approach to public participation", *Environmental Politics*, 2010, 19(3), pp. 430-448.

政府引进或推动工业设施建设主要是出于地方经济发展的考量，并不完全属于公益性项目。在这些案例中，居民反对项目选址决策主要是因为不认同地方政府所采用的发展模式，认为政府一味注重经济发展而忽视环境保护和居民健康。换言之，政府与居民之间的争论在于如何平衡地方经济发展与环境保护。从这个意义上说，居民行动不应当被简单地归为邻避效应的表现。

即使围绕同一个议题，居民反对污染性设施选址的动机也会因为城市环境和生活经历的不同而呈现显著的差异。本书第三章对昆明 PX 事件和茂名 PX 事件的比较分析显示，两地居民虽然都反对炼油厂建设，但反对的原因截然不同。昆明享有得天独厚的生态环境，全年空气清新，气候宜人。由于工业化发展程度相对较低，当地居民缺乏与工业、污染相关的生活经历。炼油厂选址规划对居民而言是一个很大的冲击，因为他们早已习惯了当地优越的自然环境和空气质量，对此感到非常自豪，不能接受这样的生活环境可能会被工业污染的事实。与此同时，昆明的生态系统也非常脆弱，滇池受到严重的污染，整个城市面临严重的缺水问题。居民认为这些现象是生态平衡被打乱的后果，对当地生态系统怀有很高的敬意，也因此担心炼油厂项目会超出昆明的环境承载力，进一步加剧当地生态系统的脆弱性。与之相对，茂名自 20 世纪 50 年代起就以石化作为支柱产业，具有"南方油城"的称号。石化产业向政府贡献 GDP 的同时，也对这个城市造成了严重的污染。工厂排放大量有毒气体,在附近经常能闻到刺鼻的气味,当地居民普遍患有与呼吸系统相关的疾病。茂名市政府很早就认识到当地污染的严重性,但由于财政上的压力,治污工作进展缓慢。虽然茂名市政府为推进 PX 项目上马进行了密集的科普宣传,但长期与污染共存的生活经历使当地居民并不相信政府所宣传的内容,并对政府的监管能力表示质疑。由此可见,虽然出于不同的原因,但昆明和茂名居民反对 PX 项目建设都源自对环境的关心和污染的排斥,他们"保护家乡"的诉求与"保护环境"的诉求很大程度上是交织在一起的。

其次,根据邻避效应的定义,如果居民反对选址决策主要是出于狭隘的地域性考量,那么,离项目选址越近的居民越有可能持反对意见,且反对态度应当更为坚决和强烈;相反,离项目选址越远的居民越不可能持反对意见,即使表示反对态度,也应当相对温和。然而,在中国城市环境行动中,离项目选址地的远近似乎并不是居民反对项目建设的主要影响因素。周志家对厦门 PX 事件中居民参与动机的调查发现,是否居住在海沧区(厦门 PX 项目预计落户的行政区)对居民是否参与环境行动没有显著的影响。[①] 换言之,居住在海沧区的居民并没有比居住在其他市区的居民有更高的参与度。本书采用的案例也显示,离污染性设施选址较近的居民往往并未公开对选址决策表示反对,而坚

---

① 周志家:《环境保护、群体压力还是利益波及:厦门居民 PX 环境运动参与行为的动机分析》,《社会》2011 年第 1 期,第 1-34 页。

决反对选址决策的是来自离污染性设施选址较远的居民。这一现象并不符合邻避效应的假设。其中部分原因可能与选址决策过程有关。政府在污染性项目选址规划的时候通常会划定一个影响范围，对影响范围之内的居民进行经济补偿或者搬迁安置，接受政府经济补偿方案的居民就等于默认了项目的建设计划。离项目选址较远的居民从规划上来说并不在污染性设施的影响范围之内，因而政府并不需要征询他们的意见，更不会对他们进行经济补偿。然而，这些居民却认为污染性设施运营会切切实实地影响他们的生活。这是因为：一方面，环境风险很难用一个具体的物理空间进行界定，污染可能通过风向、水流等向其他地区扩散；另一方面，一个地方的生态系统是环环相扣的，污染性设施运营可能会对整个生态系统产生影响，而生态系统的变化又会进一步影响居民的生活。比如，昆明一直存在严重的缺水问题，而炼油过程需要消耗大量的水，炼油厂运营可能进一步加剧昆明原本就存在的缺水问题。

更重要的是，不同社会群体对污染性设施选址的接受度存在明显的差异。污染性设施通常选址于城郊的工业园区，距离市中心较远，周边社区以城镇或农村居民为主，其中还有不少人就在工业园区里工作。部分居民受生计所迫，对身边的污染习以为常，也不愿去深究污染对健康可能造成的影响。部分居民的环境意识相对薄弱，接受企业或政府给予的经济补偿后选择对污染状况睁一只眼闭一只眼。还有部分居民对工厂运营带来的污染感到担忧，但经过一些尝试后发现自己改变不了什么,只能听天由命。而在城市中心区域居住的很多居民并不从事工业生产,对污染的恐惧很大程度上源于情绪和想象。由于对工业污染并不熟悉,城市居民主要通过互联网获取相关信息。互联网具有多样化的信息来源,一些虚假、夸大的信息通过网络快速传播,再加上图片、视频等元素所形成的视觉冲击,极易增强居民对环境风险的担忧。在社交媒体时代,"信息茧房"和"回声室"效应则会进一步加强人们的风险感知。受社交圈或态度、立场等因素的影响,人们通常只关注自己感兴趣的信息、只与自己意见相同的人进行交流,由此容易固守在符合自己偏好的圈子里,使意见相近的声音被不断地重复或放大。在由污染性设施选址引发的网络讨论中,对项目选址持反对意见的居民会形成一个特定的"圈子",在这个"圈子"里传播和讨论的都是关于设施运营可能对当地环境、生活、健康、子女等造成的负面影响。这些信息与观点反复叠加,强化了城市居民对污染风险的恐惧。

从以上分析可知,我们不能简单地套用邻避效应的概念来理解中国的环境行动。一方面,中国环境行动部分地体现出邻避效应的因素,比如对地域概念的强调、对污染风险的恐惧和情绪化的反应、对政府和企业表现出不信任等。另一方面,中国环境行动又与邻避效应的定义存在显著的差异,比如对环境问题的高度关注以及居民的反对行为并不受项目选址距离的影响。在多起案例中,环境保护理念、家乡情结、对风险的恐惧、对选址合理性的质疑、对政府和企业的信任等要素交互重叠、相互作用，共同推动了环境行动的生成与发展。

在此背景下，政府有必要采取适当的措施来缓和与解决由污染性设施选址引发的环境争议。现有文献从不同的角度提出了中国邻避现象的解决方案。[1] 汤汇浩从利益补偿的角度出发，对邻避项目涉及的不同行动者提出针对性的补偿方式。[2] 程惠霞和丁刘泽隆强调风险沟通的重要性，认为应当以化解公众疑虑与恐惧为沟通的出发点。[3] 王刚和张霞飞提出采用"去污名化"的方式预防和缓解邻避行动，包括污名化来源的剔除、污名化思维定式的移除，以及对污名化信息传播进行管控与引导。[4] 结合以上的理论洞见，笔者认为，对中国式邻避冲突的治理可以从科普、缓解与补偿三个方面入手。科普是指加大邻避项目的科普宣传以消除居民的忧虑，具体措施包括：了解居民对项目的主要关切并进行针对性的释疑解惑；组织参观考察等活动，以眼见为实的方式改变居民对邻避项目的固有观念；等等。缓解是指通过工程措施与制度设计降低居民的风险感知，具体措施包括：实施污染排放数据实时监测；企业向社会开放

---

[1] 何艳玲：《"中国式"邻避冲突：基于事件的分析》，《开放时代》2009 年第 12 期。

[2] 汤汇浩：《邻避效应：公益性项目的补偿机制与公民参与》，《中国行政管理》2011 年第 7 期。

[3] 程惠霞、丁刘泽隆：《公民参与中的风险沟通研究：一个失败案例的教训》，《中国行政管理》2015 年第 2 期。

[4] 王刚、张霞飞：《风险的社会放大分析框架下沿海核电"去污名化"研究》，《中国行政管理》2017 年第 3 期。

预约参观的渠道;委派专业监管人员或第三方机构进行现场监督与考评;等等。补偿是指通过成本与收益的重新分配来解决项目选址的公平性、合理性的问题,具体措施包括:直接的经济补偿,成立环境改善专项基金,对当地发展给予资金与政策倾斜,以及通过制定整体性规划使项目带动周边社区的基础设施建设与相关产业的发展。

三、风险治理与协商机制

改革开放四十多年来,社会冲突的类型与诉求也在发生变化。改革开放初期,社会冲突主要是由于利益分配不均所引发的,如劳资纠纷、征地拆迁、业主维权等。面对以利益诉求为核心的社会冲突,地方政府普遍采用花钱买平安、动员熟人劝说等策略进行冲突吸纳,在基层维稳方面成效显著。然而,随着经济与社会的转型,环境风险、生活质量、权利意识等非利益型诉求逐渐成为引发社会冲突的新的诱因。这种转变对政府冲突吸纳能力提出了挑战。一方面,由环境议题引发的社会冲突很多时候是以理念为导向的,参与者所要求的并非是经济赔偿,而是诸如污染规避、生态修复等无法完全以经济来衡量的诉求,从而使原本行之有效的维稳策略在面对环境行动时成效式微。另一方面,与传统的利益型冲突不同的是,环境行动的参与主体与影响范围难以界定。在很多时候,环境行动的参与者离污染性项目选址距离较远,受污染的影响也尚不确定。他们参与环境行动或者出于对污染风险的情绪化感知，或者出于对环境与生态系统的保护，或者受到身边亲朋好友的影响。行动参与范围的模糊与扩大使讨价还价、关系动员等传统维稳方式的作用受限。

互联网与社交媒体的发展进一步加大了地方政府对冲突进行吸纳的难度。随着数字技术的快速发展，互联网不仅成为信息传播和公共舆论的主要平台，同时也是协调与动员集体行动的重要工具。① 随着参与成本的降低，大量网民通过关注、转发、评论等形式发出声音，最终汇聚成网络公共事件，对政府形成舆论压力。换句话说，互联网极大地改变了政府与民众之间的互动方式。就污染性设施选址争议而言，环境、健康、安全等议题与每个人切身相关，很容易引发公众共鸣并进而发展成网络舆情。一旦舆情形成，更多的旁观者会参与对议题或事件的讨论，从而将地方性的建设项目选址争议升级为全国性的热点舆论事件。在舆论的压力下，中央政府很有可能介入并对地方政府进行问责。此外，社交媒体等网络平台的发展打破了传统媒体对话语权的垄断，促使话语权向更广泛的社会群体扩散。考虑到新媒体的开放性、即时性、交互性等特征，公众不再仅仅是被动的内容接受者，同时也成为内容生产者，可以发布自己

---

① Garrett, R., "Protest in an information society: A review of literature on social movements and new ICTs Information", *Communication & Society*, 2006, 9, pp. 202-224；黄荣贵：《互联网与抗争行动：理论模型、中国经验及研究进展》,《社会》2010 年第 2 期。

的观点并通过社交媒体平台将这些观点传播给受众。在此背景下,关于污染性设施选址的公共讨论呈现政府、网民、专家等多元力量相互竞争的态势。政府和专家倾向于从科学性、规范性的角度解释选址决策结果,网民则更多地从生活经历、价值取向的角度表达自己的观点。

　　为了有效应对冲突议题与社会情境的变化,地方政府对环境行动的治理机制也需要不断调整与创新。环境/邻避事件治理是一个极具复杂性与包容性的问题,研究者从不同角度对这个问题展开了一系列有益的探索。陶鹏和童星对邻避型群体性事件提出了一个整合性分析框架。他们根据预期损失和不确定性两个维度,区分了四种类型的邻避型群体性事件:第一种类型具有高预期损失和低不确定性特征,典型代表是由环境污染导致的群体性事件;第二种类型具有高预期损失和高不确定性特征,典型代表是由风险聚集类设施选址引发的群体性事件;第三种类型具有低预期损失和低不确定性特征,典型代表是由火葬场、殡仪馆等令人心里感到不悦的设施选址引发的争议;第四种类型具有低预期损失和高不确定性特征,典型代表是由戒毒中心、精神病院等污名化类设施选址而引发的争议。[①] 他们还认为,对不同类型的邻避事件的治理不应当仅仅关注事件发生之后的应急管理,还应当进一步挖掘邻避事件发生的深层原因,从而实现对邻避事件的源头治理。基于此,两位

① 　陶鹏、童星:《邻避型群体性事件及其治理》,《南京社会科学》2010 年第 8 期。

作者将邻避型群体性事件的治理战略分为邻避风险治理和邻避事件治理两大部分。邻避风险治理是指通过风险评估、风险沟通、风险理性倡导等方式达到风险消减的战略目标。邻避事件治理则是指通过补偿机制、风险消减机制、公民参与机制等方式促成冲突事件的平息。①

王佃利和徐晴晴对邻避问题的治理路径进行了归纳，发现现有文献主要从五条研究路径探究邻避治理问题。第一条路径是从冲突管理的角度出发，将邻避冲突视为群体性事件，对冲突事件中不同参与者的认知、信息、资源、策略等因素进行分析，据此寻求事件的解决。第二条路径是从民主政治的角度出发，探讨邻避冲突中民主参与的必要性与合理性、相关的制度安排与运行机制等。第三条路径是从公共政策的角度出发，将邻避冲突看作由公共设施选址决策而引发的争议，侧重采用信息公开、科普宣传、公众参与等政策工具寻求冲突的解决。第四条路径是从风险管理的角度出发，强调风险评估、风险沟通、风险减缓、利益补偿等措施对预防与减缓邻避冲突的重要性。第五条路径则是从空间规划的角度出发，将邻避冲突视为城市规划所面临的棘手问题，着重于对政策制度设计、选址程序规范、补偿方案、公众参与等规划制定环节进行调整与完善。②

---

① 陶鹏、童星：《邻避型群体性事件及其治理》，《南京社会科学》2010 年第 8 期。

② 王佃利、徐晴晴：《邻避冲突的属性分析与治理之道——基于邻避研究综述的分析》，《中国行政管理》2012 年第 12 期。

在这些研究的基础上，笔者认为可以从以下两个方面寻求环境/邻避事件的解决之道。

第一，建立风险治理框架。从前文的诸多讨论中可以看到，环境行动的根源在于公众对环境污染或风险的恐惧和担忧，而这种恐惧和担忧很大程度上是由政府与公众之间信息不对称、沟通不足以及信任缺失导致的。因此，政府应当从污染性设施选址的早期阶段就着手开展风险治理。一方面，采用科学、严谨、中立的风险评估机制对污染性设施建设与运营可能产生的环境影响进行全面、准确的评估，合理地划定环境影响的范围，并在此基础上提出相应的风险减缓与利益补偿方案。另一方面，以开放、弹性、包容的态度尽早开展与公众之间的风险沟通，降低对科学性与专业性的执迷，向公众提供与污染性设施选址有关的充分信息，切实了解利益相关群体对选址决策怀有的担忧和恐惧、产生担忧和恐惧的原因以及他们期望的解决方案，在此基础上与公众进行平等的、开诚布公的沟通，达成各主体都能够接受的缓解或补偿方案。从这个意义上说，环境风险治理有助于风险理性的培育，进而从源头上消减环境行动发生的可能性。

第二，创新协商治理机制。污染性设施选址从本质上来说是一个决策问题，公众的不满和质疑很多时候都涉及项目决策过程、选址合理性、信息公开、公众参与等方面。这就需要政府转变决策模式，鼓励不同社会群体共同参与决策过程，以协商对话的方式促进共识的达成。从某种程度上来说，环境冲突可看作推进政府决策模式转变的一股重要动力。①一方面，环境冲突会引发一系列政府与民众之间的互动，这个互动过程本身就是政府学习的过程，使政府认识到环境污染/风险的重要性或者探索更有效的官民沟通方式。另一方面，环境行动主体和诉求正在变得多元化。环保组织、环境专家、公益律师、媒体记者等环保力量越来越多地参与环境争议事件，相关诉求也具有日益浓厚的以环境保护为主题的公益性色彩。在此情况下，政府不能仅仅以平息冲突事件为目的，而应当从协商治理的视角出发，充分尊重公众的知情权、表达权、参与权与决策权，通过信息公开、科普教育、协商对话、公众参与等机制的完善，鼓励公众有序、理性地参与公共议题的审议、决策与监督，从而实现环境冲突的长效治理。

① 张紧跟:《地方政府邻避冲突协商治理创新扩散研究》,《北京行政学院学报》2019 年第 5 期。

主要参考文献

中 文 文 献

1. 白彬、张再生:《环境问题政治成本:分析框架、产生机理与治理策略》,《中国行政管理》2017 年第 3 期。

2. 郭巍青、陈晓运:《风险社会的环境异议——以广州市民反对垃圾焚烧厂建设为例》,《公共行政评论》2011 年第 1 期。

3. 韩志明:《闹大现象的生产逻辑、社会效应和制度情境》,《理论与改革》2010 年第 1 期。

4. 洪大用:《经济增长、环境保护与生态现代化——以环境社会学为视角》,《中国社会科学》2012 年第 9 期。

5. 洪大用、卢春天：《公众环境关心的多层分析——基于中国 CGSS2003 的数据应用》，《社会学研究》2011 年第6 期。

6. 黄荣贵：《互联网与抗争行动：理论模型、中国经验及研究进展》，《社会》2010 年第 2 期。

7. 李东泉、李婧：《从"阿苏卫事件"到〈北京市生活垃圾管理条例〉出台的政策过程分析：基于政策网络的视角》，《国际城市规划》2014 年第 1 期。

8. 李万新：《中国的环境监管与治理——理念、承诺、能力和赋权》，《公共行政评论》2008 年第 5 期。

9. 李友梅：《从财富分配到风险分配：中国社会结构重组的一种新路径》，《社会》2008 年第 6 期。

10. 梁平汉、高楠：《人事变更、法制环境和地方环境污染》，《管理世界》2014 年第 6 期。

11. 娄胜华、姜姗姗：《"邻避运动"在澳门的兴起及其治理——以美沙酮服务站选址争议为个案》，《中国行政管理》2012 年第 4 期。

12. 沈坤荣、金刚：《中国地方政府环境治理的政策效应——基于"河长制"演进的研究》，《中国社会科学》2018 年第5 期。

13. 孙小逸：《理解邻避冲突中政府回应的差异化模式：基于城市治理的视角》，《中国行政管理》2018 年第 8 期。

14. 王佃利、王玉龙、于棋：《从"邻避管控"到"邻避治理"：中国邻避问题治理路径转型》，《中国行政管理》2017 年第

5 期。

15. 杨立华、程诚、刘宏福:《政府回应与网络群体性事件的解决——多案例的比较分析》,《北京师范大学学报》(社会科学版)2017 年第 2 期。

16. 应星:《草根动员与农民群体利益的表达机制——四个个案的比较研究》,《社会学研究》2007 年第 2 期。

17. 于建嵘:《当前农民维权活动的一个解释框架》,《社会学研究》2004 年第 2 期。

18. 曾繁旭:《传统媒体作为调停者:框架整合与政策回应》,《新闻与传播研究》2013 年第 1 期。

19. 张劫颖、李雪石:《环境治理中的知识生产与呈现——对垃圾焚烧技术争议的论域分析》,《社会学研究》2019 年第 4 期。

20. 张紧跟:《公民参与地方治理的制度优化》,《政治学研究》2017 年第 6 期。

21. 郑思齐、万广华、孙伟增、罗党论:《公众诉求与城市环境治理》,《管理世界》2013 年第 6 期。

22. 郑卫:《邻避设施规划之困境——上海磁悬浮事件的个案分析》,《城市规划》2011 年第 2 期。

23. 冉冉:《中国地方环境政治:政治与执行之间的距离》,中央编译出版社 2015 年版。

24. [德]乌尔里希·贝克:《风险社会》,何博闻译,译林出版社 2004 年版。

25. 赵鼎新:《社会与政治运动讲义》,社会科学文献出版社 2012 年版。

英 文 文 献

1. Amenta, E. , Caren, N. & Olasky, S. , "Age for leisure? Political mediation and the impact of the pension movement on U. S. old-age policy", *American Sociological Review*, 2005, 70(3), pp. 516-538.

2. Arnstein, S. , "A ladder of citizen participation", *Journal of the American Institute of Planners*, 1969, 35(4), pp. 216-224.

3. Bondes, M. & Johnson, T. , "Beyond localized environmental contention: Horizontal and vertical diffusion in a Chinese anti-incinerator campaign", *Journal of Contemporary China*, 2017, 26, pp. 504-520.

4. Burstein, P. & Linton, A. , "The impact of political parties, interest groups, and social movement organizations on public policy: Some recent evidence and theoretical concerns", *Social Forces*, 2002, 81(2), pp. 381-408.

5. Devine-Wright, P. , "Rethinking NIMBYism: The role of place attachment and place identity in explaining place-protective action", *Journal of Community & Applied Social Psychology*, 2009, 19, pp. 426-441.

6. Eisinger, P. , "The conditions of protest behavior in

American cities", *The American Political Science Review*, 1973, 67(1), pp. 11-28.

7. Giugni, M. , "Was it worth the effort? The outcome and consequences of social movements", *Annual Review of Sociology*, 1998, 24, pp. 371-393.

8. Giugni, M. , "Useless protest? A time-series analysis of the policy outcomes of ecology, antinuclear, and peace movements in the United States, 1977-1995", *Mobilization*, 2007, 12(1), pp. 53-77.

9. Huang, R. & Sun, X. , "Dual mediation and success of environmental protests in China: A qualitative comparative analysis of 10 cases", *Social Movement Studies*, 2020, 19(4), pp. 408-425.

10. Huang, R. & Sun, X. , "Dynamic preference revelation and expression of personal frames: How weibo is used in an antinuclear protest in China", *Chinese Journal of Communication*, 2016, 9, pp. 385-402.

11. Johnson, T. , "Environmentalism and NIMBYism in China: Promoting a rules-based approach to public participation", *Environmental Politics*, 2010, 19(3), pp. 430-448.

12. Kitschelt, H. , "Political opportunity structures and political protest: Anti-nuclear movements in four democracies", *British Journal of Political Science*,

1986, 16(1), pp. 57-85.

13. Klijn, E. , "Analyzing and managing policy processes in complex networks: A theoretical examination of the concept policy network and its problems", *Administration and Society*, 1996, 28(1), pp. 90-119.

14. Lee, C. & Zhang, Y. , "The Power of instability: Unraveling the microfoundations of bargained authoritarianism in China", *American Journal of Sociology*, 2013, 118, pp. 1475-1508.

15. Li, W. , Liu, J. & Li, D. "Getting their voices Heard: Three cases of public participation in environmental protection in China", *Journal of Environmental Management*, 2012, 98, pp. 65-72.

16. McCarthy, J. & Zald, M. , "Resource mobilization and social movements: A partial theory", *The American Journal of Sociology*, 1977, 82 (6), pp. 1212-1241.

17. Mertha, A. , "'Fragmented authoritarianism 2.0': Political pluralization in the Chinese policy process", *The China Quarterly*, 2009, 200, pp. 995-1012.

18. Meyer, D. & Minkoff, D. , "Conceptualizing political opportunity", *Social Forces*, 2004, 82(4), pp. 1457-1492.

19. Rhodes, R. & Marsh, D. , "New directions in the

study of policy networks", *European Journal of Political Research*, 1992, 21, pp. 181–205.

20. Sabatier, P. , & Weible, C. , "The advocacy coalition framework: Innovation and clarifications ", in Sabatier, P. & Weible, C. (eds.), *Theories of the policy process*, Westview Press, 2007, pp. 189–222.

21. Said, A. , "We ought to be here: Historicizing space and mobilization in Tahrir Square", *International Sociology*, 2015, 30, pp. 348–366.

22. Slovic, P. , "Perception of risk", *Science*, 1987, 236, pp. 280–285.

23. Sun, X. & Huang, R. , "Spatial meaning-making and urban activism: Two tales of anti-PX protests in urban China", *Journal of Urban Affairs*, 2020, 42 (2), pp. 257–277.

24. Sun, X. , Huang, R. , & Yip, N. , "Dynamic political opportunities and environmental forces linking up: A case study of anti-PX contention in Kunming ", *Journal of Contemporary China*, 2017, 26 (106), pp. 536–548.

25. Teets, J. , "The evolution of civil society in Yunnan province: Contending models of civil society management in China", *Journal of Contemporary China*, 2015, 24(91), pp. 158–175.

26. Cai, Y. , *Collective resistance in China: Why popular protests succeed or fail*, Stanford University Press, 2010.

27. Castells, M. , *The urban question: A Marxist approach*, Edward Arnold, 1977.

28. Gamson, W. , *The strategy of social protest* (second edition), Wadsworth, 1990.

29. Lefebvre, H. , *The production of space*, Blackwell, 1991.

30. McAdam, D. & Boudet, H. , *Putting social movements in their place: Explaining opposition to energy projects in the United States, 2000 – 2005*, Cambridge University Press, 2012.

31. Sandman, P. , *Responding to community outrage: Strategies for effective risk communication*, American Industrial Hygiene Association, 1993.

32. Tarrow, S. , *Power in movement: Social movements and contentious politics*, Cambridge University Press, 2011.

33. Van Dyke, N. & McCammon, H. (eds.), *Strategic alliances: Coalition building and social movements*, University of Minnesota Press, 2010.

图书在版编目(CIP)数据

环境行动与政府回应:议题、网络与能力/孙小逸著.—上海:复旦大学出版社,2023.5
ISBN 978-7-309-16550-0

Ⅰ.①环… Ⅱ.①孙… Ⅲ.①环境污染-群体性-突发事件-公共管理-研究-中国
Ⅳ.①X507

中国版本图书馆 CIP 数据核字(2022)第 201022 号

环境行动与政府回应:议题、网络与能力
HUANJING XINGDONG YU ZHENGFU HUIYING:YITI,WANGLUO YU NENGLI
孙小逸 著
责任编辑/孙程姣

复旦大学出版社有限公司出版发行
上海市国权路 579 号 邮编:200433
网址:fupnet@ fudanpress. com http://www. fudanpress. com
门市零售:86-21-65102580 团体订购:86-21-65104505
出版部电话:86-21-65642845
上海盛通时代印刷有限公司

开本 890×1240 1/32 印张 8.875 字数 170 千
2023 年 5 月第 1 版
2023 年 5 月第 1 版第 1 次印刷

ISBN 978-7-309-16550-0/X·44
定价:45.00 元